看得见的幸运，看不见的努力

井底之蛙 著

KANDEJIANDE
XINGYUN
KANBUJIANDE
NULI

SPM
南方出版传媒
广东人民出版社
·广州·

图书在版编目（CIP）数据

看得见的幸运，看不见的努力 / 井底之蛙著. — 广州 ： 广东人民出版社，2018.4（2019.9重印）
ISBN 978-7-218-11020-2

Ⅰ. ①看… Ⅱ. ①井… Ⅲ. ①散文集 – 中国 – 当代Ⅳ. ①I267

中国版本图书馆CIP数据核字（2018）第015125号

KANDEJIANDE XINGYUN，KANBUJIANDE NULI
看得见的幸运，看不见的努力
井底之蛙　著

出 版 人：肖风华

责任编辑：向路安
装帧设计：李俏丹
责任技编：周　杰　周星奎

出版发行：广东人民出版社
地　　址：广州市珠海区新港西路204号2号楼（邮政编码：510300）
电　　话：（020）85716809（总编室）
传　　真：（020）83780199
网　　址：http://www.gdpph.com
印　　刷：天津兴湘印务有限公司
开　　本：889毫米×1194毫米 1/32
印　　张：8.5
字　　数：180千
版　　次：2018年4月第1版 2019年9月第2次印刷
定　　价：36.00元

目录

CONTENTS

别人在拼命，你却以为只是好命

003 别人在拼命，你却以为只是好命

006 那些努力，你不会看见

013 你看不见，并不代表没有努力

019 你以为的狗屎运，其实都是拼命

022 不能掌控命运，但能支配努力

029 别人眼中的努力，只是一种结果

033 我们要的是梦想，而不是幻想

036 我相信，越努力越幸运

043 能者不一定非要多劳

045 只有光明，没有前途

目录

CONTENTS

认真起来，做自己的贵人

051 认真起来，做自己的贵人

055 别担心，别人过得很好

059 给自己最好的阳光

062 每天叫醒我的，不是闹钟而是理想

067 你的钱猪，有什么闪光点

071 人生，需要的不仅仅是努力

079 在梦想面前，别再犹豫

082 找到你的第一个客户

086 专注脚下的路，不负这美好人生

089 做好普通事，再谈成功

任何时候，都不能放弃自己

097 任何时候，都不能放弃自己

104 别让自己成为随便的人

108 成功的捷径，就是把事情做到极致

111 方向永远比努力更重要

113 少壮不努力，将来何所依

122 时间还早，你别着急

126 因为太弱小，所以没有存在感

130 有时，信心比金子还重要

133 这绝不是好高骛远

目录

CONTENTS

真正的成熟，从不抱怨开始

137 真正的成熟，从不抱怨开始

139 被积极的光芒笼罩

142 懒惰是一种病

145 你被什么拖住了脚步

151 生活艰难，你需要做好两件事

157 失意和得意，就是人生的主旋律

162 偷走时间，就是偷走生命

164 现在的隐忍，是为了将来的改变

171 现在努力过，将来一定会好过

174 最好的复仇方式，是不断变强

正能量不能解决一切

183 正能量不能解决一切
186 比赛中的人生哲理
190 懂得让步，是一种智慧
193 两种命运
195 每个人心中都有一个耶路撒冷
199 让人喜欢，就要相处舒服
205 为什么层次越高的人，计较得越少
212 做一个有趣的人
216 当年沮丧的样子，真的很可笑

目 录

CONTENTS

有些成功，不值得鼓励

223 有些成功，不值得鼓励

225 读书，提升气质

231 后退的智慧

233 没有对比，就没有伤害

239 面对困难，豁达一点

246 你的善意，需要得到回馈

250 什么都有可能改变

252 一边砍柴，一边磨刀

256 玉在心中

258 只要选择，就不会错

1

别人在拼命，你却以为只是好命

你若想成功，
就要无限努力；
你若想拥有美丽，
就要忍受痛苦。

别人在拼命，你却以为只是好命

成功的花，人们只惊羡她现时的明艳。然而当初她的芽儿，浸透了奋斗的泪泉，洒遍了牺牲的血雨。

——冰心《繁星》

世界上有很多东西看得见，也有很多东西看不见。花草树木看得见，春天看不见；水果蔬菜看得见，营养看不见；嫁妆婚礼看得见，爱情看不见；书信问候看得见，思念看不见；美丽看得见，背后的努力却看不见……

朋友爱美，一日非拉我陪她一起割双眼皮。单眼皮陪她度过35年，一把年纪还割双眼皮。可她偏偏痴迷于双眼皮，也许是为了增进夫妻感情；也许是为了真正的美一回。总之，她找出一大堆割双眼皮的理由。向来怕极了各种手术的我，为了不影响这段持续了20多年的友谊，我陪她去了。

进手术室时我被那里的工作人员拦在门外。坐在那排蓝色的长椅上，我看见几位笑着进去流着泪出来的女子。心想，我那坚强的朋友应该不会。两个小时之后，朋友一脸哭相的出来，眼睛上方贴着东西。她说，早知道这么疼，我就不来受这个罪了。次日，我去她家时，看见她用棉签给伤口消毒。那两道带着血的痕迹及红肿的眼睛让我汗毛倒竖。真是佩服，好好的受这个罪。没几日再见她时，标准的美人儿，与某位明星有相似之处。和单眼皮的她简直判若两人。我有些吃惊，真看不出，这双眼皮的魅力如此之大，怪不得如今整形医院生意这么火。

那天，朋友向我介绍了舞蹈家金星。金星原本是一位男性，通过手术之后成为女人。她的变性手术分为三个部分，前两个部分隆胸与去掉毛发和喉结比较顺利。而第三个部分做下身手术的时候，金星这样形容每一次伤口换纱布的情形：每换一次纱布，就等于女人做一次人流。就这样，我每天都得做一次炼狱般的“人流”。金星通过多次手术成功变性以后，经过自己的不懈努力，最终成为一位人气极高的主持人。

大家都知道她的美若天仙，知道她的气质高雅，却不知道她背后承受的那一刀一刀血淋淋的痛苦。对于明星们外表上的光鲜亮丽，人们总会带着羡慕以及向往的目光，却不知他们为了能在荧屏上得到更多人的喜爱与支持，所付出的努力和改变也是常人的几倍甚至百倍。同理，那些风光无限的成功人士们，历经风风雨雨，他们的心酸和坎坷也是我们看不到的。

石板对佛像说：这个世界很不公平！同样是石头，可是人们却跪在我的身上向你朝拜。佛像说：这很公平！在石匠的手里三刀两刀就成了你，而我，是经过千刀万刀、千锤百炼的。不要羡慕别人的美丽、抱怨上天的不公，想想你的付出有多少？又经过了多少困难和煎熬？如果没有，那就一如既往地付出，耐心地等待，成功就会到来。不管走过多少曲折路，碰到多少困难，只要你勇敢坚强地顶住，机会就会到来。

没有流过泪的人，不知道眼睛的清澈；没有摔过跤的人，不知道摔跤的疼痛。我们不要只羡慕别人在台上的鲜花和掌声，不要认为那是一种幸运，我们更应该去感受，去理解别人身后所经历过的磨难，或许每一次的付出，都是一次痛彻心扉的洗礼。世人皆崇尚美丽，却不知道美丽需要无数的付出。你若想拥有成功的光环，就要无限努力；你若想拥有美丽，就要忍受痛苦。

那些努力，你不会看见

现在打开朋友圈，每天都有人在遗憾地说："今天又睡到10点，早起跑步的计划泡汤了"，"昨晚一直在刷微博，给自己安排的读书两小时的计划没有执行"，"今天周末，出门踏青去了，本想晚上回来写完明天要交的稿子，但现在浑身无力，明早再写吧"。

我相信每个人在做计划的时候，都是有着美好的、激动人心的夙愿的，可无论这个夙愿多么现实和有成效，比如跑步可以减掉身上的赘肉，都无法改变他们的懒惰、拖延的状态。长久观察之后，我发现，这种人一个月里至少得有四五次这样"遗憾"的表达，我甚至能想象他每次向别人诉说时的愁眉苦脸，可不管当时是如何地谴责自己，到头来，还是改不掉身上的坏习惯，一而再再而三地做不到。

我大致就把这类人归为不努力的人群。无法想象一个对自己严格要求的人，每天都活在一种自我谴责中。而纵观周围的对生活满意度高的人士，他们没有一个人是允许自己一次次地拖沓、无聊和懒惰的，相反他们抓紧了分秒的时间去做有意义的事情，只给奋斗找时间，不给空虚留时间。

在我的微博上，有一个名叫“每天打鸡血”的分类，开微博三四年的时间，我每天不管多忙多累，都会刷一次这个分类上所关注之人的更新。到目前为止，我微博上关注了近千人，但这个分类里最多的时候，也只有五个人，在这五人之中，又只有一个人是我几年里从来没有间断关注的，她就是专栏作家、北京交通广播电台的主播麻宁。相比较那些明星大佬，她没有那么风光，但也因为如此，她让我体会到了作为一个普通白领应该有怎样美好的生活状态，她的日常生活距离我们如此之近，以至每个人都可以学习。

她出生在河南郑州，在中国传媒大学读的播音主持专业本科，因每年成绩都是第一，顺利地被保送到北京大学攻读研究生，毕业后，做了交通台的主播。很多人说，优秀是一种习惯，在她这里，算是有了很好的注解，学习上如此优秀的她，更是生活的好手。

给我印象最深的是今年她写的一条微博，她这样写道：“为了充分利用时间坐着23：55的红眼航班回来，一夜没睡。今明两天上直播，同时还要在31号之前完成这么多事……但是居然只用了一天就基本都做完了！剩下的两件事也都会在一天之内完成，我真是太感谢自己的没有拖延症了！”

她所谓的“只用一天的时间都做完的事情”包括：完成《时尚新娘》的专栏、《年轻人》的专栏、物业费、车险、送干洗、给爸爸电话、拷照片、提供父亲节采访资料；“剩下的两件事”是办签证和《女友》专栏。

大家可不要忘了，她是坐夜班飞机回国的，第二天没有倒时差、没有躺下休息，竟然还顺利地完成了这么多事情。作为一名写作者，我深知写作是一项脑力劳动非常大的工作，她竟然还顶着疲惫写完了两篇专栏，于是，我似乎明白了，为什么她可以以20多岁的年纪，在北京买了房，有了车。

这当然不是偶然，即便她的微博不展示她今天做了什么，你也会从她的只言片语中看到她勤奋而快乐的生活状态。最近的一条微博，她写道："7点到8点写专栏，9点到17点上节目，19：30到21：10东宫看《最后的晚餐》，21：20到22：30三联采访。"不管工作如何劳累，如果有好话剧，她一定抽出时间来看。

所有看过麻宁照片的人都会觉得她好美，那种美不是五官有多么妥帖，身材有多么棒，而是她的脸上没有一丝懈怠、一丝无趣，整日都是神采飞扬的，她有一双感染人的眼睛，让每个人都愿意和她一起，成为更好的自己。没错，精进的人都挺快乐的。

如果说，你们觉得麻宁名校毕业的光环，会让她有种最初的优势，还不足以激励你那颗已经懒到扔块石子都不会起涟漪的心湖，那么，我就用块石头砸向你，让你稍有些摆动。

我有一位"忘年交"前辈，他叫周智琛，媒体圈的人应该都知道这个名字——国内最年轻的社长。

1980年出生于福建泉州，2003年7月毕业于华侨大学中文系，毕业之后，通过各种招聘和考试，进入南方报业传媒集团；2006年3月，不到26岁的他，离开南方报业，出任《东莞日报》执行总编辑；28岁创办《东莞时报》；2011年8月，到云南《都市时报》出任社长、总编辑，时年31岁。

对很多人而言，22岁到28岁这六年，是人生中最黄金的几年，这几年中你的努力程度，会直接决定你的中年和老年，将会以一种怎样的状态度过，我想周智琛是深谙这个常识的。2011年，我有机会参加他举办的首届《都市时报》青年记者训练营，从全国400多名本科生和研究生中，选出20名学生去参加，提供食宿，还有稿费可拿。虽然我早前就听到过关于他的故事，但是当我真正和他接触起来，才知道他之所以成为他的理由。

白天时，他的办公室很少开着门，他要去参加这个会议、那个活动，他算过一天辗转三四个场合是常事儿。你如果想要找他，最好是在晚上10点半之后，八九点是他最忙的时候，他要签版。10点半之后，如果有同事来访，他便泡壶清茶，和他们聊天谈心；如果没事儿，他便关起门来读书，他的办公室里有很多好书，大部分他都读过；他晚上很少回家，基本都是在办公室的沙发上睡。他经常在飞机登机时间结束的前几分钟，才能到达机场；有时，在办公室吃顿有红烧肉的外卖，都要在朋友圈里炫耀一下。他完全没有一个报社社长的架子，他的吃穿住行都是围绕着工作进行，怎样方便工作，就怎样做，好多次早上我去办公室时，在楼道里遇到他，他都是头发直立，脸都没洗。

很多同事建议他说："能不参加的活动尽量不要去了，每天这么累，不值得。"他这样解释道："人哪，总是会恶性循环和良性循环。你把这件事做好了，就可能件件（事情）都会做好。如果一件事做不好，那么（件件）事情都做不好。如同读书，比如你今年获得了'三好学生'，可能明年国家奖学金就光临你。做工作、做人也是一样。"

他最近做的一件事情，是深圳大学邀请他去做答辩委员，按照常规来说，就是在学生讲述完自己的论文思路和写作过程之后，给出一些评价或者指点就可以了。但他做的是在《深圳晚报》用八个版，展示了这些学生的毕业作品，他说他要给这些优秀的学生最高的礼赞，为青春加油。他努力把每一件有意义的事情都做好，当其他的报社同仁，都在为某一个选题而兴奋不已时，他从日常生活的各个小的环节入手，发现闪光点，一个个小的选题的光彩，让他这个总编辑也越走越远。

他说："我这个人有个小习惯，闲下来的时候会找出以前的照片，看他的眼神，看他的脸相，你会发现有一阵子你的状态非常好，眼神会比较清澈、平和，有一阵子又会比较涣散，眼神就比较乖戾。从眼睛里是可以看出东西的，相由心生。这也是我一个绝不会放弃努力的原因，我希望我整个人都能由内而外有种号召力，感染我的同事。”

我相信他每一天的“挑战自己工作极限”的努力，便是他成为周智琛，而不是三四十岁还在做“媒体民工”的普通记者的原因。

人有很多本性难改的东西，比如只有当失败、不如意时，才会放眼观光周围的人事，而当生活如常、平静如水时，总是混混沌沌，每日上班、下班而不再去反思当下的自己能否做得更好。

有数据显示，玩微博的人中，有一半以上是月工资3000元以下的普通白领和身无分文的学生。倒不是说微博不好，而是倘若一个人花费很多时间刷微博、沉浸于微博的各种段子时，也就意味着很可能这部分时间没有得到高效率的利用。

我有一个理论——“低端的人”都偏爱输入（输入：每天花很多的时间去吸收各种信息），而“高端的人”更偏爱输出（输出：把自己的思想和所收获的传递出去），因为输出比输入要累很多，它多了一个反刍、咀嚼和表达的过程。

前几天，我看到一个懒散惯了的朋友，给自己定了一个新的目标：每天在“知乎”上回答三个问题，周遭的朋友都恨不得给他点32个赞。不管目标大小，只要我们不荒废时间在长时间的睡觉、整夜的打游戏和数个小时的聊天中，我们都能感受到善用时间和努力的力量。

所以，每当无所事事的时候，你可以在心里默念一遍“除了你，其他人都挺努力的”，我相信，你立马就可以找到要做的事情。对我来说，还挺管用的，希望你也是。

你看不见，并不代表没有努力

我不知道，城市里的穷在你心中是怎样一个概念？或者，你有没有穷过？

在我看见的，城市里的穷就是父母没文化、无业、打零工，身份要么是外来务工者，要么住在城市里的棚户区。他们领低保，住瓦房、木房，将10—30平方米的房间称作“家”，没有格局分明的厨房、卧室、书房、客厅、阳台、卫生间，只有一个房间，这间房既是卧室，也是厨房，大人和小孩睡觉的地方用一张床单隔开，甚至上厕所都要跑去外面破旧的公厕解决。洗澡的话，夏天站在水龙头边冲洗，冬天则烧一桶水倒在一只大盆子里洗，周围居住环境极其脏乱。

记得2013年，我还在报社上班，做了两期交换角色采访，首期体验的是在城市里卖菜的外来人员，第二期是修车工。比起那些外表光鲜实则丑陋的人事，我更关注那种感同身受普通人的生活。

关于我为什么想到做这样一个采访，缘于有一天晚上，我下班回家路过一家水果摊，看见年轻夫妇吆喝着卖水果，旁边橘黄色的灯光下，一个小男孩趴着写作业；水果摊不远处又有一家卖麻辣烫的小吃摊，摊主是一对中年夫妇，只是女人是跛脚。看见如此场景，我在回家路上一直思考这样一个问题：他们不管风吹日晒照样出来为生活奔波，为的不就是多挣钱让生活好过，为下一代创造好的家庭环境吗？为了让更多人知道城市里有这样一群人在奋斗，我决定做这样一个采访。

第一期采访卖菜阿姨时，我和她聊了很多。她来自偏远的山村，丈夫在工地做工，女儿读初中，儿子读小学。我问她卖菜能挣多少钱时，她和旁边的大姐都笑着说卖菜哪能挣钱啊，不就是混口饭吃，晚上出门挑着箩筐串街卖水果。其间，我问了很多问题，还暗自高兴，心想这期稿子肯定能上头条。由于卖菜阿姨的住所离菜场不远，在征得卖菜阿姨同意后，我又以了解邻居为由去了她家。

阿姨家附近全是私人修建的房屋，在一栋栋房屋背后，经过逼仄巷道，便来到了阿姨家里。这个所谓的家其实就是两间十平方米的瓦房，一间既是厨房又是小孩的卧室，另外一间则是大人的房间。除了电视外，家里几乎没有像样的家电。我问阿姨：“为什么租住在这个地方？”阿姨笑着说：“因为房租便宜，自己本身也是农村出身，这种居住条件能接受，而且还可以在周围养鸡鸭。”

第二期采访的是一名修车男生，他19岁，初中毕业后就出来打工挣钱，城市户口。与他交流时，他显得很热情，我问他修车的程序，一个月能挣多少钱，能不能补贴家用，他都很开心地回答了我。当我回头看采访稿时，觉得没问到点子上，便又与他聊起了梦想。聊天过程中，他一直提到自己多少岁前要挣多少钱买房，让母亲也住一回带电梯的新房。

男生说他自己没什么梦想，无非就是多挣钱，母亲身体健康，生活过得平安幸福便好。如果非要说自己的梦想是什么，那么买电梯房便是他的梦想。

在男生的讲述中，他没有提起父亲，我又不方便直接问，便换了个角度说自己是单亲家庭长大的孩子，所以压力很大，但一直都在努力。男生听我这么说，叹了一口气说："没人能体会在童年就缺少父爱的男生比其他人要努力百倍的滋味。"男生还说："我家庭条件不好，和母亲租住在老房子里，所以我一直都在想方设法努力挣钱。"

这两期采访结束后，我回到家中写稿件，几近落泪，尤其是采访修车男生，听他讲述时我内心触动很大，因为我懂得一个家庭没有父亲存在的惧怕，这种惧怕是无能为力的，比如说当生活中需要男人出面解决事情时，只有女人和小孩站出来。

第二天，我去单位把新闻稿拿给领导看，他先是表扬我几句，接着表情由晴变阴，我看他脸色不对，就知道接下来要面临着批评。领导告诉我，新闻里最好避免记者的情绪，然后让我重新修改。经过向前辈们请教以及自己的反复琢磨推敲，我明白了新闻是站在客观角度记录，情绪是读者自己的表达反馈。

结果，两期的采访报道后来只刊登了卖菜阿姨那一期，修车男生那期因为领导说“思想主观、言语犀利”便被撤销。经过那次采访，我经常思考记者的使命，以及记者的存在到底是为什么。最后，我没能写出想要表达的社会“事实”，我感觉自己像一个“话筒”，别人借我传递声音，我缄默不敢言。

曾经在上班那段时间里，我接触并采访了很多平凡的普通人，有卖菜小贩、公交司机、摩的师傅、运水工、建筑工人、服务员等，他们虽然平凡、贫穷，但他们的生活却过得乐滋滋的。采访时，我有好几次想问他们年轻时的梦想，或者现在的梦想，但几次都咽了回去，觉得这样问太突兀，如果在他们面前提起梦想，也许会刺痛他们。

为什么担心“梦想”这个词会刺痛他们呢？好比去问一个两手提着重物和一个两手空空的人，你们现在谁轻松。所以，他们只是回答我“努力挣钱供孩子好好读书”。还好，在采访修车男生时，他和我说起了他的梦想，就是挣钱娶媳妇，然后带母亲以及媳妇去大城市逛逛，找个稳定工作，如此生儿育女过平凡一生。

我想：贫穷的人可能奋斗一辈子也依然表现平平，甚至一直在给“少数人”铺路搭桥，但知足常乐，这也许是每个草根出身的人所秉持的态度。

每个人对幸福与贫富的理解不同，于我而言，心安、一天一天比过去好便是知足、富裕。所以，不管我所希冀的苦尽甘来会不会来，我也不去追求比别人幸福，而是追求比曾经的自己有进步。

我时常想起生活中那些看见过的场景，想起那些贫穷的人以及自己目前窘迫的生活，我认为钱是物质保障，在很大程度上也是一个人的安全感。没有人不爱钱，但当你获得钱权时，千万不要得意忘形，甚至是忘本。

在这个物欲横流、飞速发展的时代，我们既在制造，也在承担——我们制造高楼大厦，承担着邻里间闭门不理的人际关系。

此刻，也许你衣着光鲜嘲笑身份低微的人，以为自己有钱了不起，但你别忘了，你没钱的时候是否也曾经历过卑微？是否也受人奚落？

你在富丽堂皇的高楼里高谈阔论时，不要忘却那些用脊梁顶起这栋高楼的工人。你在餐馆里大鱼大肉吃得满嘴带油时，如果走出门遇见残疾的乞讨者，给一个小小的微笑，或者随便施舍他们一点，都比你财大气粗的冷眼鄙夷好很多。

你开着靓丽的爱车时，不要从车上乱扔东西，环卫工人没有义务为你弯腰行礼。你在车上或者在路上看见那些穿着又脏又烂的务工人员，千万不要嘲笑别人活该如此。如果没有他们，这个城市的水、电、环境等肯定一团糟。

你买菜时，如果看见那些上了年纪的老人卖菜，就别为几块钱的事斤斤计较。你购物挥霍时，岂会这般锱铢必较呢？

要知道，你眼中那些生活在城市角落里不起眼的小人物，或者你经常看见的打工者，他们都在为生计、为家庭努力，让自己变得一天比一天好起来，这些便是他们的梦想。这些人平凡、贫穷甚至卑微，抑或在你眼中一毛不值，但你一定不要嘲笑他们，觉得他们命不好，活该低贱，觉得自己有多么了不起。

每个人的人生结果都一样，只是快与慢而已。比起你熠熠生辉的梦想，他们的梦想简单朴实，甚至是微不足道。在他们心中，能在这个孤独的城市里有一席之地，供得起儿女上学，撕掉“农民工”“外来务工者”“穷人”诸如此类尖锐的标签便足矣。

不要瞧不起别人的生活，他人也在用你看不见的方式努力。

你以为的狗屎运，其实都是拼命

据《宋史》记载，樊若水是南唐时一名普通的书生。当时南唐的皇帝是李煜，诗词才华一流，治国水平却是末流，外加南唐政治腐败，民生凋敝。像樊若水这样胸有鸿鹄之志的人不受待见，连进士都考不上，这让他非常郁闷。所以，当他听说崛起于北方的赵匡胤有雄才大略，正招贤纳士，便产生了跳槽的想法。

数月之后，樊若水抛家舍业，跋山涉水，一口气跑到大宋都城开封，然后直接朝皇宫里送了一封自荐信。话说“百无一用是书生”，樊若水的自不量力立刻被赵匡胤的手下嘲讽唾弃，就等着赵匡胤一声令下，众人将他痛揍一顿，然后驱除出境。可逆天的一幕发生了：读了他自荐书的赵匡胤，竟仰天大笑，高呼一声：“南唐李煜小儿，已尽入我袋中。”又对文武百官当场拍板：“人才难得，此人重用！”

而樊若水的人生，也骤然飞黄腾达：先被特许参加进士考试，然后官至舒州军事推官，到任不久，紧接着又升任了太子右赞善大夫。短短几月，这位冒冒失失跳槽的愣头青，就成了大宋赫赫有名的新星。

樊若水的平步青云招来了其他官员的羡慕和嫉妒，一封封弹劾批评的奏章如雪片一般飞上了赵匡胤的案头，他们一边惊叹樊若水红运当头，一边抱怨宋老板鬼迷心窍。

可直到开宝八年11月，大宋军队在樊若水的策划和指挥下势如破竹，越过长江天堑，直捣黄龙，干脆利落地俘虏了南唐国主李煜，基本完成了统一大业后，这才让所有人目瞪口呆，彻底跪服。

原来，当樊若水决定跳槽后，他就想着要给赵匡胤送上一份不同凡响的见面礼。可送什么礼物好呢？经过深思熟虑，他认为大宋之所以长期啃不下南唐，绝对不是军事原因，浩荡的长江天然屏障才是抵御宋军长驱直入的最大障碍。樊若水颇懂兵法，也读过不少有关地理和水利的典籍，加上他长期生活在长江边，对长江渡口、圩堰、关卡、要塞等都了如指掌，他决定帮赵匡胤架一座浮桥。

可是，在那个年代，要想在广阔的江面上架设一座浮桥，并不是件容易的事。除了要有超高的技术之外，还要有充分的物质条件作为保证。其中最关键的是，要得出江面的准确宽度，然后才能有针对性地准备架桥物资，并在岸边搭建浮桥的固定设施。为掩人耳目，方便勘察测量，樊若水经人介绍，到具有地理优势的广济教寺披上袈裟，当起了和尚。

一有机会，他便来到牛渚矶边察看地形，并暗自绘下图纸，标上记号。为了得到长江水面宽度的准确数字，他经常以垂钓为名，划着小船，带上长长的丝绳，在采石江面上不知疲惫地往返数月，反复进行测量多达十余次。

为了给将要建造的浮桥做好固定，樊若水又向广济寺捐献了一大笔资金，并建议寺庙用这笔资金在牛渚山临江处凿出一个个石洞，供奉佛像，名义上是保佑过往船只平安，实则是为宋军日后渡江做好准备。

他“请造浮梁以济师”的计策和精心绘制堪称人类桥梁工程学新纪元的技术报告《横江图说》，令宋太祖惊叹。书信上不但有详细的施工规划与精巧的设计，就连采石江面上的水纹深浅都有标注。几乎每个字，都是他冒死在江面上往返勘测得来的。樊若水也因此被称为中国历史上第一座长江大桥的发明者和缔造者。

没有人能随随便便成功。其实，那些看得见的运气背后，往往是常人难以想象的努力。

我们常常只看到别人的运气，总是以为别人走了狗屎运，殊不知他们在你玩游戏的时候，在你玩乐的时候默默地努力着！

不能掌控命运，但能支配努力

1

前段时间，校友创办的微信公众号实现融资，并成立了一个小团队。友人说起这件事的时候还在愤慨，说当时在学校那人多么不起眼，人品多么差，甚至好几次的实践作业还是借鉴她的呢，怎么突然就走了狗屎运，居然成立了公司。

这个校友刚好我也认识，在校内网碰上添加了彼此的联系方式，后来通过微信推荐，又添加了她的微信号，而她通过我的好友申请的时间显示为凌晨2点半。

那段时间她裸辞在家，说是要创办一个微信公众号，大概就是那种专门帮人搭配衣服的那种。以前总觉得辞职在家很自由，就是那种想吃吃、想喝喝、想睡睡的神仙般日子。不想她辞职在家自己独自打理公众号，简直忙得是暗无天日，别说能想睡睡了，忙起来连吃喝的时间都没有。所以不难想象，为什么添加好友通过时间是凌晨。

后来见面调侃她，你真幸运，这么小年纪都有自己的公司了。她笑笑说，这世界哪有那么多幸运啊！不过是比别人更努力辛苦罢了。

这句话让我想起另外一个朋友荔枝。

2

刚毕业那会，程艳和荔枝一起进入一家公司实习，且俩人有个共同的爱好就是喜欢文学，再加上俩人都是刚入社会，自然而然在公司里就走得比较近。程艳是新闻专业毕业的，看过的书籍比较多，私下里荔枝会求着让她帮忙推荐书籍，还经常找她借书看，就此俩人成了很要好的朋友。

有段时间，公司结构化调整，之前负责实习的领导高升调离到别的部门。新入职的领导要求比较苛刻，尤其对实习生，要求下班不得早走，上班且要提前半个小时到公司。程艳对于新领导的要求特别不满意，吃午饭时没少在荔枝跟前抱怨，并且会在Q上向荔枝吐槽新领导的穿衣品味等等。荔枝每次都会安慰她，说只要熬过实习期，以后工作的日子就好过了，结果程艳听不进去，依旧每天准点准时向荔枝轰炸抱怨。

后来实习期结束，俩人都正式拿到公司的offer，本想着成为正式员工日子能过得顺风顺水，结果发现正式员工比实习生更煎熬，工作量大，很多时间都需要加班，那时候公司所在大楼的物业要求各公司加班不要超过12点，但悲催的是很多时候熬到十一二点，工作内容还没做完，只能带着电脑回家继续加班。

那段时间真是高强度的加班，程艳有点承受不了便辞职，去了一家还不错的公司，私下里还撺掇荔枝早点离开。说新公司福利待遇都还不错，并且不需要这么高强度的加班。荔枝不是没动摇过，只是她觉得自己第一份工作就这么放弃，到了新公司又需要从头开始，不仅仅是耽误时间的问题，最主要的她现在连基本专题策划都还没接触，而程艳是新闻科班出身，做传媒肯定得心应手。而自己是从别的专业转过来，如果就这么放弃，肯定不像程艳那么容易再找一份工作。

思来想去，荔枝还是放弃了辞职的念头。

3

程艳离开之后，公司里也没个陪荔枝吃午饭的人，她索性开始网上订餐，把出去吃饭的时间节省下来在网上找Photoshop、Dreamweaver等编辑需要的专业办公软件；为了提高文笔，荔枝便给自己定了一个计划，要求每周一本书，然后针对看完的书写一篇书评。

周末有空便约程艳去图书馆，让她帮忙给自己选些新闻专业方面的书籍，只要是程艳推荐的，荔枝都会从图书馆里借回来，回家之后认真阅读并做笔记，有些不懂的除了找程艳帮忙，自己还在网上加了一个专门自学新闻的网友交流群。

好在荔枝的努力，领导都看在眼里。为了训练人物写作能力，荔枝专门向部门申请订阅全年的《南方人物周刊》，书刊直接邮寄给荔枝，为了回报领导的信任，荔枝更是拼命地学习，恨不得将时间掰成两份。

4

一天，公司临时加了一期法归投资家的人物专访，但是其他老编辑和记者手头任务已经安排好了，没办法，领导便把这个重任扔给了荔枝，只留下一句："好好表现，我相信你。"

为了完成嘱托，荔枝真是拼了全力，从网上找这个人的各种资料，把之前他受过采访的大小杂志、报纸全部找来，以及他公司的宣传视频，连着两三天晚上通宵，写出了三份采访提纲，后来又经过自己斟酌，最终留下一份采访提纲。

当将采访提纲发到对方邮箱之后，荔枝便开始了焦灼的等待。没想到却意外地收到了对方的回复，说对这份采访提纲很感兴趣，尽快约时间完成采访。

采访那天，荔枝紧张地老往厕所跑。她觉得这份任务肯定要被自己毁了。没想到采访的那位投资家却异常和蔼，他先和荔枝聊工作、拉家常，慢慢地荔枝便不再紧张。

那次专访，投资家和荔枝聊得很投缘，而荔枝也从二人聊天中捕捉了许多其他采访报道没有的信息。后来专访出来后，荔枝在第一时间将原稿发送给对方，对方看完后特别满意，希望杂志出刊后能邮寄给他一本。

不过，后来荔枝还是离开了那家公司，原因是她拿到了自己在上学期间就很崇拜的一家杂志社的offer。

到了新公司之后，荔枝才发现自己要学的东西还很多。

5

新公司需要开发一个移动App，这个项目当时由荔枝负责，对于半路出家学网络的荔枝无非又是一个新的挑战。

而这段时间，程艳偶尔会在网上找荔枝聊天，无非是吐槽公司哪个人的衣服，同事多么奇葩，领导多么变态，工作内容多么枯燥烦琐。荔枝劝过她如果自己真的不喜欢这份工作，不如换一份自己喜欢的。但程艳说，工作也就是养家糊口的工具，哪有什么喜欢或不喜欢，在跳过一次槽之后，觉得所有工作都大同小异，没什么实质性的意义。这时候荔枝只能闭嘴，因为她觉得自己每天都是新鲜的挑战，怎么会大同小异呢?

为了做好并完成公司项目，荔枝便利用周末时间报了网络营销课程业余班，学习了一些专业网络制作以及互联网思维和数据分析等知识。那段时间她来找我，三句话离不开App开发，要不是知道她最近做这个项目，我一定会以为她O2O洗脑了。

再后来，我问荔枝程艳现在怎么样了？她说不知道，让我很意外。

她起身给自己倒了一杯白开水，轻轻地抿了一口。她说，去年和她在网上聊了一次，那次我刚好升职加薪，想着约她出来吃个饭，来与我分享下这个喜悦。后来大家喝得有点高，她拉着我的胳膊说："荔枝，你真特么太幸运了，我就不行，生不逢时，时运不佳，到头来还是个小职员。"那时我听完特别生气，谁说我运气好我都不介意，唯独她不可以。我熬夜最多、最辛苦、最努力的那年她是知道的。

说完后她看了我一眼，然后望向窗外缓缓地说道："人生哪来那么多的幸运，只不过我努力的时候她假装看不见罢了。"说完苦笑了一下。

6

很多时候，我们宁愿承认别人是运气好，是幸运儿，却不愿意承认他是通过努力得到自己想要的。

上学那会，我和同学一起报了导游资格证书考试。报完名之后，我却不把这门考试当回事，上完课该玩就玩，该逛街的就逛街，而当时同学却很认真地复习，找资料做试卷，我当时还嘲笑她说就一个证书考试何必这么较真呢？后来考试成绩下来了，不出所料我分数没达标，可是同学却超出很多分拿到证书。

和舍友说起这次考试，我蛮不屑地说我只不过运气差点，而她运气好，所以通过了。现在想来，当初的自己是多么讨厌，不仅仅否定了别人的努力，还为自己的不努力找了个心安理得的借口。

幸运和不幸都由我们自己来决定，唯一公平的是我们可以通过自己的努力和付出去改变运气坐标的方向。

别人眼中的努力，只是一种结果

1

所有天赋中，努力可能是最容易被人忽略而又最难以获得的。

努力代表着你要忍受经年累月的孤寂，连续几个甚至十几个小时集中注意力，面对着层出不穷的难题仍要保持旺盛的斗志。尤其是在你完全无法预知成败的情况下，面对那些可能到来的嗤笑、流言和冷眼仍然能够坚持自己的选择。真正的努力不是几百条打卡的微博，不是几个哭诉发奋的签到，不是你每天迟迟不关的灯，不是你手机上凌晨4点这个城市的太阳。

它是绝望，一种巨大的、深沉的、压抑的孤独感，是命运给予你最沉重的考验。

一个渔夫在海边晒太阳。富翁看见他，问他为什么不去打鱼。

渔夫说："我打够了呀，今天够吃了，所以在晒太阳。"

富翁就说："你为什么不去打鱼，赚钱买更大的渔网、更大的船，打更多的鱼？"

渔夫就问："然后呢？"

富翁就说："继续买更多的渔网，更大的船，打更多的鱼！"

渔夫又问："再以后呢？"

富翁就说："钱足够多的时候，就雇些人帮着打鱼，然后你就可以在海边买个房子，天天晒太阳。"

渔夫就说："我不已经在晒太阳了吗？"

很多人都看过这个小故事，都在怀疑努力是否真的有意义。财富是取决于对社会的价值，努力了没产生价值有啥用？如果努力只是指赚钱的话，那么这个词一定不是褒义词。赚钱不等于创造价值，创造价值也不见得只有赚钱能做到。如果不知道自己要什么，努力只是一场空。更多的成功者都是在努力赚到第一桶金后，看准并把握住趋势，才完成财富积累。

所以努力的意义在于：越奋斗，越有抵抗风险的能力。

买更多的渔船可以避免遭遇风暴而一蹶不振，更多的财富可以让自己一劳永逸地晒太阳甚至惠及子孙，何况人间最大的享受不是穷晒太阳，还有天下美味、世间美景。

2

以前我一直很喜欢努力这个词，也经常把努力挂在嘴边。和朋友聊天时，我常说：我要好好努力，我会努力。但是这么多年来，我发现努力这个词很多时候根本不算什么好词！

在外语系混了这么久，我向来对英语没什么兴趣，英语成绩一直没有什么起色。

直到有一次，我向老师诉苦："老师，我很努力了，但这篇课文我真的背不会。"不出意外，老师及时安慰了我："没事，你可以多试试，然后下次上课再来尝试一下。"

我听完心中大定，继续回去努力尝试。过了几天，仍然没有什么进展，我又向老师汇报："我这周很努力地去背，可还是没用，怎么办？唉，这个文章好难，您还有没有其他方法？"

见老师不说话，我以为他没听清楚我的意思，重复了一遍："老师，我很努力地试过了，但是……"我满怀期待等着老师的表扬或安慰。

可这次，情况好像不一样了。老师很生气，他转过来拍拍我的肩膀："开始学习的时候，你要知道，每个人都有自己的归处。有的是爸妈给建好的，有的是自己争取的。如果一个学生对老师说，我很努力了啊，可是我就是考不好，老师会怎么想？如果一个医生说，我很努力了啊，可患者就是救不活，患者家属会怎么想？"

老师见我不说话，继续说："其实你所说的努力是没用的，这个世界的残酷又美好的地方在于，这个世界只看功劳不看苦劳！只需要做好就行，没人会关心你努没努力。只要成绩，不要努力！"

我愣住了。

其实努力没那么重要，更重要的是要把事情做好。

3

你觉得努力了就很牛吗?

很多时候努力不是褒义词，相反是你能力差的代名词，努力只是你懒惰逃避的借口！我努力了，你就不会怪我了吧？是你不好，不是我的问题。

很多时候，我们把天赋和努力隔离，只是为了给自己看不到的别人的努力贴上天赋的标签，给自己看得到别人的天赋贴上努力的标签。于是，看不到的努力通通成了天赋，智商差距是硬伤，干不过学霸没办法啊！看得到的天赋通通成了努力，死学傻学的人成了可以被调侃和嘲笑的对象。我们把看不到的努力捧得高高的，认为是老天爷给的馈赠，把看得到的努力踩得低低的，认为是庸人们的挣扎。

我们就是不愿承认，努力就是一种天赋，就算你看再多的鸡汤文，你也做不到头悬梁锥刺股。而有人，也许一篇鸡汤文都不看，自己却是汤锅里的老母鸡。正视这个现实也许很痛苦。但是，就算沉溺在别人的鸡汤里一辈子，你也许也永远成不了那只老母鸡。

很多事情一开始会很难，可是难的是坚持，有时候我们需要找到一个好的方法，也需要找到一个好的老师，这样才能更好更有效地实现目标。

我们要的是梦想，而不是幻想

一个15岁的男孩，为了逼迫父母出钱赞助自己学习音乐当歌星，于是割腕自杀、离家出走，最后，流落到收容站，彻底中断了学业。

还有一个是45岁的中年男人。在繁华城市的城乡接合部，住十平方米不到的出租屋，每天为了生存，苦苦挣扎。他与那个男孩唯一不同的是，每天早晨，沉浸在熙熙攘攘的锅碗瓢盆交响曲中。他，臂膀上搭一条白毛巾，端着帕瓦罗蒂的姿势，高歌一曲《我的太阳》。

同那个15岁的少年一样，中年男人40多年来，心中始终都藏着一个瑰丽的音乐梦。所不同的是，这一路走来，他的音乐梦融化成血液流淌在琐碎平凡的日子里。而那个少年的音乐梦，却马上就要被个人的固执和莽撞所戕害。

更大的不同之处还在于，中年男人的音乐梦只是为歌而歌。而那个少年，他的终极目的怕不是音乐，而是舞台之上炫目的烟火以及舞台下沸腾的粉丝和无边的名利。

一个15岁的少年尚有机会从弥天大梦中醒来，而这个世界上还有一些人，中了梦想的毒太深，等到迷途知返的时候，才知道，积重已然难返。

我认识一个流浪歌手，年过30，一直矢志不渝地在皇城根下做着北漂，全部的生活来源皆出自女友拮据的工资和寡居妈妈那点可怜的退休金。女友想结婚，哪怕裸婚，只要他有个正常的职业即可。妈妈想看到儿孙绕膝，哪怕他一事无成，只要他能够懂得脚踏实地便是幸福。女友与母亲的这点最简单最基本的要求，流浪歌手却都不能满足。他一再叫嚣：我距离成功只有半步之遥了，为什么你们就没有耐心等待?

在所有梦想狂人的眼里，只要他愿意等，梦想总有一天会施与怜悯和恩宠。可梦想不是慈善家，永远不会因为哪个表现得过分可怜就悲天悯人地给予关怀。它需要的从来都是板上钉钉的成功份额，比如才华，比如勤奋。

但奢谈梦想时，首先应该区分开，梦想和渴望的不同。世间所有人都热望名闻利养，可名闻利养远不是梦想。真正的梦想是无关名利的一份美好，当事人从中能得到的，不只是形式上的愉悦，更是灵魂上的满足。

还记得多年以前，央视报道过一个来自西安某山区的女人的故事。那个30岁的女人从小到大的梦想就是走出大山，像个职业女子那样去生活。可彼时的她，有需要照顾的老公，有嗷嗷待哺的孩子，还有大片需要打理的农田。走出大山的梦，对于一个没有受过太多教育的山里女人来说，不仅遥不可及，而且也不现实。

十年之后，我再次看到了这个女人的故事。此刻的她，满脸都是骄傲和满足。她没有走出大山，却在距离村子几十公里远的县城做了一名售货员。成为都市白领的梦，散了，但取而代之的却是更贴近生活更具现实感的圆梦的风景——她终于看到了山外的风景，也终于有了自强自立的平台。

所有梦想都像高高飞在天空的风筝，是一直仰头看着风筝越飞越远，还是尽可能地拉回奢望的线，让梦想接近地面，具有踏踏实实的烟火感，这是所有人都有可能面对的人生命题。毋庸置疑的是，梦想只有接近现实，才更具有生气和活力。这份勃勃生机的营养与厚重，只有地气能给，也只有脚踏实地才能行得通。

我相信，越努力越幸运

一直不太相信《士兵突击》中许三多的经历。许三多又笨又傻，只有一个优点，就是他永远脚踏实地，认真做好该做的每一件事，不在乎任何人的眼光。他永远恪守着他的真理——有意义的事就是好好活，好好活就是做有意义的事。这样一个木头似的人，最后竟然成了最出色的最被看好的兵……

我一直觉得，他在士兵突击中的成长伴随了太多的幸运。从一个孬兵到一个出色的特种兵，他虽然不是一帆风顺，可是确实太幸运了！努力的兵多的是，为什么偏偏被上级注意到的是他？明显是影视中加了戏剧效果。

一直以来，我都是这样想的……

就在一个小时前，我刚刚结束了我的第三个剧本。它是我的"领导"派给我的非常重要的任务，并且让我做了主笔。从周日到今天周二，整整三天时间，除去上课和外出，我的所有的时间加起来估计两天还不到。然而，就是在这两天里，我完成了一个两万多字的剧本。

两天两万字好像说起来也不多，一般的打字员一天还不止这些，可是它偏偏又和打字员不同。创作剧本的过程，不止需要打字，还需要不停地思考、修改、查阅……有时真的连吃饭都想要匆匆吃完，以便接着写。去厕所也是憋了好久才起身快速跑去。当然，我知道这些对身体并不好。

洗了澡出来，我脑海里就这么回忆起我走上勉强还算是“编剧”的历程来：大一入学进入了电影社的编创部，通过了笔试，初步了解了剧本的概念，然后开始写电影社自己主管的小剧本，一集也就六七分钟那么长，当然，那时写得并不怎么样。后来，写了一学期的心理剧宣传片，再后来，开始接一些剧本的比赛。当时基本就是望而生畏，认真写，但是并不抱希望，可没想到，最后却有了成果……

这个时候，我就很纠结——这一年多以来关于编剧的过程，我到底是运气多一点，还是努力多一点呢？

当初，我又是怎么进入编创部的呢？“百团大战”当天，我压根没去报名，可能有懒的因素，我其实是个很不愿意被时间和琐事所束缚住的人。进入编创部，我一直认为那纯粹是机缘巧合：那天晚上，学姐给我打电话让我去参加电影社面试，我说是不是弄错了我根本没报名，学姐说老师让你过来呢。

就这样，我就去了，然后拿了一份试卷回来。从试卷接手那一刻开始，三天的时间，我就一直在构思最后那道大题应该怎么写。

三天后，我工工整整、认认真真地做完了整张试卷，然后交了上去。就这样，我就进入了编创部。

可是，老师又为什么会叫我去参考面试呢？后来“领导”跟我说了，是因为当初我的“军训日记”上过两次校公众号的平台，就想让我过来试试。

我又回忆起军训日记的事……

那十天里，每天筋疲力尽之后，还要交一篇军训日记，仔细一想，确实是件苦差事。谁不想一整天折磨人的军训结束后，回到寝室洗个澡，舒舒服服窝在床上玩电脑呢？真不是我装，可能是出于从小对文字的热爱吧（我曾说过，从小到大最向往的专业就是中文系，可是现在没机会了），我也没觉得有多累多烦，每天的军训日记都用心写了，心想，既然与中文专业永远失之交臂了，那一个小小的日记总该认真写吧，也算对得起自己一直以来那卑微的梦想。

如果不是因为军训日记认真写了，老师也永远不会注意到我；如果老师没有注意到我，那我大概永远也无缘进电影社了吧，而现在的收获，也永远不会有。

但是顺利进了编创部就一帆风顺了吗？并没有。不仅没有一帆风顺，反而屡遭打击，屡受阻挠，有好几次，我都被打击得差点退社，差点对人生对自己对梦想失去最后一点信心……

也可能是我太玻璃心，总之，我特别受不了被人看不起，真的，特别受不了。我知道，这和自卑有很大的关系，但它有坏处也有好处吧，唯一的好处就是会给人动力，尤其给我这种自尊心特高又敏感又倔强的人。

我永远也忘不了大一第一学期是怎样过的，第一次写剧本就惨遭痛骂，“领导”是个极为率性的人，他对待我们，任何情绪都会直接表现出来。他会当着我们编创部所有人的面，说：“角色A按照你写的小样来写，角色B按照你的，角色C和D按照你的人物特点来写……”一圈下来，唯独不提我。

意思就是，我写的人物小样一个都不符合他心中的形象。他说的时候不会看我，当然，谁都知道我的尴尬，他也知道，但他不在乎——谁会在乎一个对自己没什么用处又没多少交情的人呢？我想，他没骂我就算好的吧……

也许是太想证明自己，也许是太想驳回面子，后来的我，虽然伤心难过，虽然我的剧本最后只被用上了一半，但我也没彻底失掉信心，每个任务、每个剧本，照样认真对待。哪怕熬夜，哪怕腰酸背疼地坐在电脑前一整个下午，都要把它完成。不求一定让他满意，但求自己问心无愧。

第二个学期，我们不再拍情景喜剧了，因为说实在的，喜剧不好拍，也不好写。我们开始拍心理剧宣传片，类似于采访短剧的那种。那学期开的第一个社团大会，我没有合影，因为我当时一直在纠结——到底要不要退社。

感觉没什么意义了，自己又做不好，也浪费时间，干脆退社得了。我咬咬牙，话就堵在嗓子里，最终没说出来。回去的路上，我想着刚下发的新任务，就是这个心理剧的剧本，使我满面愁容。

交了剧本后的第二天，就是我们下乡的日子。婺源是个美丽的地方，野外写生又是一件极为新奇和期待的事，我把对剧本的担忧抛在脑后，全部注意力放在了婺源的日子上。

在婺源的第三天，从外面写生回来，打开手机一看，编创部的群里正在讨论着什么。我万分忐忑，点开看了看聊天记录，结果却使我吃了一惊——“领导”竟然在夸我的剧本！还说，让他们都按照我交的那个写……

放下手机，感觉整个人仿佛重生了一样。可能说得夸张了，但我想，当时就像那种感觉，不知你们能不能体会到，真的，就差泪流满面了。

我第一次庆幸，自己当初没有退社，没有放弃。

后来，心理剧越写越好，越写越有信心。从第一学期的别人帮我改，到第二学期的我帮别人改，这中间的历程，不单是心酸和辛苦能总结完的。我也渐渐明白，以前失落时那种总以为别人看不起你、别人针对你的想法，真的是错误的，真的是玻璃心了。

第三学期，也就是这半年，可以说，如果前两学期用“青涩”

和“成长”来概括的话，那这一学期，就是“成熟”了。电影社内部的活动，好像我们编创部都已经不再管了。跟着“领导”，我们开始做一些真正属于自己的东西，写自己真正想写的东西，开始接手外边的活动，参加各种各样剧本的比赛……而这，大部分都是有报酬的。

幸运的是，我投上去的微剧本又出乎意料地得了奖，还是不算小的奖，有奖金有证书，评审团是由十几位大学教授组成的。

自此，几乎成了我跟编剧扯上关系后的第一个转折点。那天我发说说，发朋友圈，发微博，说它可能不算什么，可毕竟给了我力量。是的，它给了我太多力量和信心，这个奖，我感谢它。

人一旦得到惊喜的时候，容易感动，容易感谢，感谢很多人。对于我来说，我最感谢的，当然是“领导”，如果不是他，不是他曾经教给我们的技巧，不是他曾借给我的书，最重要的，不是他组织我们参加这些活动，我与这个奖就不会有半毛钱关系。其次，我要感谢那个老师，如果当初不是她引荐我，就不会有现在的我。

最后的最后，我要感谢的是我自己。

谢谢你曾经度过了那段漫长的不被相信和备受挫折的日子，谢谢你无论怎样都没有选择放弃选择退出，谢谢你没有浪费光阴夜以继日做着你最爱的事，谢谢你认真写了军训日记，谢谢你认真写了笔试试卷，谢谢你认真写了每一次的剧本，谢谢你认真参与了每一次电影的拍摄，谢谢你认真参加了每一场剧本征集大赛……

谢谢你，一直以来，都是认真对待。

而这中间，所有熬夜的夜晚、所有困乏的白天、所有腰酸背痛的时刻、所有烦躁颓废的时光、所有废寝忘食的日子，都发酵成了如今闭上眼，头脑中闪现出来的，最美的镜头……

恍惚间，我才发现，我竟与《士兵突击》里的许三多如此相像。曾经我误以为所有是运气，其实都是有原因的运气。每一次正步，每一次内务，每一次腹部绕杠，每一次实地训练，他都在认真对待。不管挨多少骂，吃多少亏，流多少汗，受多少伤，他一直在做的，只有一件事：坚持。

运气和努力，说实话，我到现在也无法说清哪个更重要一点。但是这似乎已经不重要了。也可能，它们从来就没有分开过。所以，出现了那句话：越努力越幸运……

是的，这句话我曾经一度鄙视到了极点，可是，人都是会变的嘛。

能者不一定非要多劳

你是否常常听到“能者多劳”这句话？

团体中有人抱怨自己每天累得像条狗时，我们常会拍拍他的肩膀：“能者多劳。”每天忙得焦头烂额的人，也常以“能者多劳”自我解嘲，为自己的疲惫找到一丝安慰。

但是，你的多劳，多的是举手之“劳”，还是多“疲劳”？

我的观点是，能者多劳的定律，基本上没有错，有办法的人，可以在同样的时间内做更多的事情，然而，并不是所有疲于奔命的人都是能者。

有位企业主管说得好，在一个企业中，优秀的人只占20%，能力普通的人占70%，根本就是混日子的占10%，最会抱怨“唉，我就是能者多劳啦”的人，其实都是能力普通的人。他从未听到任何优秀人才感叹自己“能者多劳”，而露出疲惫不堪的样子。

真正有能力的人的“多劳”，只是多些举手之劳，会把多劳点心、劳点力当成挑战和乐趣，而能力不足的人的“多劳”，是越多事越疲劳，未必能够有效率地解决当务之急。能力低劣者的“多劳”，更是没头没脑地向前冲，把简单的事做得烦，还要麻烦别人来为自己收拾像被猫弄乱了的毛线团一样的残局。忙个半死，其实并无贡献。

没有效率的多劳，问题在于：忙的都是琐事，从来分不清楚轻重缓急。搞不清楚大事得先做，小事后做，越帮越忙的事万万别做。分不清楚先后轻重的人，就像在装潢房子时，先把家具全部搬好、摆好之后，才想到是不是该改变隔间、更换地板。这时的麻烦要比处理一间空屋子还大。

有人揽了一身的事情，只是为了讨好。不分青红皂白全面讨好，反而都讨不好。明明一天可以从容应付三件事，他偏答应做六件，结果没有一样做得好。

我也常碰到这样的人：什么人约他都说好，他也企图把时间排得紧凑，但就是因为太紧凑了，所以每次都耽搁，徒然换得一个“迟到大王”的封号，没有人信任他的时间概念。

能者不会觉得自己多劳，他懂得什么事该做、该先做。抱怨自己多劳的，从来不是能者。

只有光明，没有前途

最近，有一位老师对他的学生们说了一番话，可谓字字珠玑，句句戳心：

我今天的讲话，主要是对那些我放心不下的同学说的。我想说：不要当趴在窗户上的苍蝇——只有光明没有前途！有的同学可能想，我现在还很小，这叫前途无量。我想说，因为你年轻，所以你还有光明，但不能保证你有前途。

如果你做不到我以下这三句话，你只有光明，没有前途，说白了叫前途不“亮”。

第一句话：不要以为小，就不想努力跑。

吃饭要靠自己的嘴，走路要靠自己的腿！任何人要掌握自己的命运，不能依赖别人。你要学会自立，你的荣耀要靠自己去争取，你的成功要靠自己创造。任何人要想实现辉煌，只能靠自己的努力。当代一位教育家陶行知曾经说过：“滴自己的血，流自己的汗，自己的事自己干，靠天、靠地、靠老子都不是好汉！”

有的同学可能会说，我爸很有钱，我为什么要努力学习？我要告诉你，你现在可以花他们的钱，因为你未成年，这是他们的义务；你上了大学可以花他们的钱，因为你刚成年。这是他们的宽容；你毕业之后花他们的钱，这是你的耻辱。你大了，就应当回报父母恩。你却学习不努力，导致没能力。结果，你只会要，而不会给。我就要“恭喜”你，经过多年的“努力”，你具备了和乞丐一样的能力和厚脸皮。

第二句话：世界上最厉害的不是钱袋，而是脑袋。

有的同学可能会说，成功的人不一定是读书好的人。我想问你，你到北京旅游是坐高铁好还是骑自行车好？当然是坐高铁好呀。知识就如同高铁，有了这样的工具，你实现成功就更快捷而且更舒心。更重要的是，你人生的选择余地就大，要是你坐高铁坐腻了，你也可以骑上自行车领略风景，累了，你再坐高铁不迟，这就是潇洒，因为你有“知识高铁”这个工具。

当今世界是知识时代，哈佛图书馆墙上的训言其中有一条：受教育程度代表收入。——Academic certificate is dollar。美国2007年的一个调查表明，18岁或以上的成年人，持有硕士或博士学位的人，平均年收入为79946元，而没有完成高中教育的人，年收入仅19915元。还有资料表明，去年美国持有学士学位者的平均年收入为54689元，高中毕业者的年收入仅29448元。虽然说学历并不等于个人工作能力，但学历高的人学习能力强的可能性就高这也是不争的事实。而学习力恰恰是未来社会竞争的核心能力。你也不得不承认，受过高等教育及学历较高的人，接受新知识快，有较强的适应能力，工作能力也明显较强。

其实一句话，就是知识越多，成功和幸福的可能性越大，这是大概率事件。你要想买质量好的笔，你一定要选择去大商场买，因为这样的可能性大，你绝对不会想到去小商店买，因为这样的可能性小。

请记住，这个世界上最厉害的是脑袋而不是钱袋。有好的脑袋，钱就会追着你来；没有好的脑袋，再多的钱，也会丢掉。趁着年轻，抓紧给脑袋充电这才是正道。

第三句话：学习上吃苦，一辈子受补。

迈克尔·乔丹输掉了上百场比赛才成为“空中飞人”；罗琳写《哈利·波特》修改了12次才最终出版；周杰伦忍受着强直性脊柱炎所带来的呼吸困难、脊椎疼痛，却依旧笑容灿烂；许嵩默默地承受着谣言与愚弄，却依旧坚持自己心爱的歌曲之梦。请同学们记住，没有人能替你去实现自己的梦，你只有自己去努力，才能掌握自己的命运，因为你的人生终究是你的“单人旅途”。

在学校读书不仅读的是书，更重要的是培养一个人吃苦的习惯和能力，如果你连高考的苦都不怕，人生就没有苦能难得倒你了，这就叫“曾经沧海难为水，除却巫山不是云”。

犹太人在孩子还是婴儿时，会往书上抹上蜂蜜，让孩子去舔。这就告诉我们这样的道理：刻苦能够感受到甜，随着你读的书越多，你会觉得其实原先觉得苦的书，会越来越“甜”，随之人生也会变成“甜”的，这就是学习带给你的可喜变化。

正是这样一番醍醐灌顶的讲话，惊醒了无数学生。强烈建议给孩子看一看！

2

认真起来，做自己的贵人

你认真读书的样子，
你认真写字的样子，
你认真工作的样子，
真的很美。你，才是自己的贵人。

认真起来，做自己的贵人

下班的路上，手机响，传来小周兴奋的声音：姐，我升职了，海外事业部经理，我终于也挣年薪了！

小周是我的一个前同事，他学的是国际贸易，由于在我们这专业不对口，他辞职去了一家贸易公司。

记得两年前那个31号的下午。已经过了下班时间，我正要关电脑回家，小周发来当天的工作日志。

这是公司规定，每位员工都要在每天早上一上班，把前一天的工作日志发给我们部门。现在发，是因为他明天就不来上班了。

我打开小周的日志，是他在岗的最后一天，但工作依然安排得一丝不苟。本来他白天已经把所有的离职手续都办完了，完全可以不必再写日志。

那一刻，我心里怦然一动——这个不言不语的小伙子，他做事的态度，认真得让人感动。

记得当初小周来应聘时，虽说专业不对口，但他的表现非常出色，初试复试成绩都排在前面，属于破格录用。小周给安排到了技术部，那些高难度的软件他之前基本没有接触过。不知道他付出了多少辛苦，竟用一个月时间，全部学会了。那段时间，他整个人瘦了一圈。

正想着，小周和我来道别了，我们互相加了微信。他临出门时，我说了一句："你会很快实现自己的梦想。"他有点吃惊："姐，你为什么这么说？"我没有正面回答，反问他："你有什么梦想呢？"小周想了想："姐，我来自农村，家庭条件不太好，我的梦想就是希望有一天和咱们公司的高管们一样，挣到年薪，让我的父母过上好日子。"

我微笑："你没有问题的，到时候别忘了告诉我，让我替你高兴高兴。"小周用力点头，"必须的，姐，保持联系。"

这两年，小周每有开心或者烦恼的事时，时常和我聊聊。他说自己很幸运，总是遇到贵人的提携。

在新公司，刚去不久就做了主管，两年几个台阶，事业一直处于上升状态，也实现了自己的梦想。

小周的话让我想起我的朋友张总。前段时间我去张总的公司，正值那里大动工程，职工公寓、游泳馆、体育场、健身馆，简直就是一个现代化大型企业的模样。

十年前，张总的公司只有20多亩地。在一次博览会上，他认识了广东的一个大老板，抱着试试看的想法，张总向这位老板推荐了自己的公司。看他态度那么认真诚恳，广东老板就带着集团几位高管来考察张总的公司了。

正值腊月，天寒地冻，广东客人穿着单薄，一下飞机就喊“冻死了”。在机场接客人的张总，早就每人准备了一件羽绒服，一行人对他纷纷点赞。

到了张总的公司，广东客人对他精工细作的产品非常满意。但广东客人根据设备场地计算了产量，不符合采购标准，合作的事暂时就搁浅了。

但这次考察，张总给广东客人留下了很好的印象。广东人有吃夜宵的习惯，他们入住的宾馆不提供这项服务，张总每天晚上10点都准时给每位客人煮一份消夜送到房间。

他们没有成为合作伙伴，却成了朋友。逢年过节，都彼此发节日问候。

早在七八年之前，张总的公司就开始了二期建设，产量翻了几倍。那位广东老板，也成了他们最大的客户。在经济低迷时期，张总就是靠这位大客户的支持而渡过了难关。

记得前段时间看《欢乐颂》，演到关雎尔在工作中遇到了挫折，和安迪哭诉：“姐姐，长大好累呀，做事好累呀。”

安迪说：“和你分享件愉快的事吧，我和小曲曾经讨论过，如果你哪天失业了，我们都愿意聘用你。”

关雎尔惊喜地问：“为什么呀？”

安迪回答，“因为你是一个很认真而且能做好事情的人。”

是啊，哪个人不喜欢做事认真又能把事情做好的人呢？

把一件件小事用心做好，就像一针一线的刺绣，近看是简单的针脚，放眼望去却是一幅美丽的画卷。人生就是无数细小的积累，一屋不扫，何以扫天下？

整天想着升职加薪，却又不安心工作。你宁可坐在办公桌前不停地刷朋友圈，刷微博，看着别人一步步抵达自己的诗和远方，却不愿用心把自己分内的事情做好。连最基础的工作都做不好，谁愿意给你机会？你又何谈自己的未来？

你认真读书的样子，你认真写字的样子，你认真工作的样子，真的很美。

你认真做事的态度，能吸引你的贵人，也能助你抵达美好的未来。

你，才是自己的贵人。

别担心，别人过得很好

小君是我大学的舍友，属性女汉子，pH值强酸，腐蚀性高到爆表。当年以一篇《狗日的美学》艳压四座，把文艺美学的教授怄得一口老血喷在试卷上，直接让小君挂科重修。

后来毕了业，她闲散放肆的性子还是难改。开始是在一所高中当老师，后来去了机构代课。听说有一阵子跑到外地去会网友，风餐露宿的都快揭不开锅了。

校庆那天，我们宿舍的人几乎都集齐了。几年不见，大家赶紧一一汇报近况。

圆圆如今常驻巴黎，在中法交流中心负责电影宣传，时不时就和巩俐啊、子怡啊牵个手合个影。云儿在工作两年后一使劲考上了英国的比较文学硕士，正欢天喜地地收拾行李奔赴日不落帝国。大莉和我都早早地结了婚，相夫教子，忙得四脚朝天不亦乐乎。言谈中，大莉给我们“无意”透漏了她老公在房地产公司干得风生水起，连升三级，如今位列高管，年薪直逼百万。

“哇！”大家一片羡慕嫉妒恨，直夸大莉眼光独到下手早，在茫茫人海里挑中了一只连续涨停的优质蓝筹股。

我也赶紧把老公的职位上调一级汇报给了大家。“都主编了？我就说嘛，你这当年的小才女肯定得嫁个文化人。”大莉边夹菜边恭维着我。

“你呢？”终于轮到问身边一直沉默的小君了。大家都听到过一些关于她的传闻，心照不宣地知道她近况不佳。此刻气氛有些尴尬。

小君猛塞了口硬菜，鼓着腮帮子一五一十地娓娓道来：“我从学校辞职了，目前在机构打工，时忙时不忙。”

“啊？你辞职了？”大家惊呼，“老师多稳定啊，还有寒暑假。”

“稳定是稳定，就是挣得有点少。我现在单身啊，公司里有合适的帅哥想着点儿我。”小君一边嚼一边云淡风轻地说。

“啊？还没男朋友呢？你虚岁都27了。”大莉非常夸张地撑圆了嘴。

“是28。”小君纠正道。

“哎！”一声叹息后，大家都沉默了，暗地里对着眼神。

“别叹气啊，我过得没你们想的那么惨。”小君不解地看着我们。

“我干一段歇一段，时间比以前自由多了。机构虽然辛苦，但课时费不低。我十天高考串讲能挣一万二，后半个月我可以出去旅旅游，不用都挤到寒暑假。”

“哦。”我一惊，暗比了一下自己朝九晚五累死累活的公务员工资。

“你们知道的，我大学就喜欢研究清史。”小君接着说，“我去过上庄几百次，向各大学清史教授讨教，跟各地的清粉们交流。如今已经出版了两本关于纳兰的畅销书，去年还贷款买了房。”

我们都不说话了，咽着口水各怀心事。

再细看小君气定神闲的样子，完全没有传言中穷困潦倒的窘迫，精致的妆容，合身的短裙。可能是因为未婚，还保留着大学时代熟悉的青涩模样。

摸了摸自己生完孩子留下的大肚腩，真是不知道该为谁担忧为谁愁了。

不知从什么时候开始，我们变得特别悲天悯人。不结婚的，我们觉得她不幸福；做北漂的，我们觉得他不稳定；在国内的，我们觉得她没本事；移了民的，我们觉得他太孤独。

我们自顾自地评价着别人的生活，用我们的选择来衡量别人的得失。可我们都忽略了，每一种生活方式都有它的利弊，每一条路上都有鲜花和掌声，也有荆棘和坎坷。不同的人有不同的走法，不同的道路也有不同的风景。悲观的人可能会把阳关道走成独木桥，快乐的人也能把羊肠曲径变成康庄大道。

我们和小君只是选择不同，却各有各的精彩。谁也不是谁的救世主，不用通过虚构夸大别人的苦难来获得暂时的满足感。生活本身就是如鱼饮水，冷暖自知。

别再替别人操心了，人家活得没你想的那么惨！

给自己最好的阳光

关于未来和梦想的未知不安开始在心里飞速增长，无法给自己一个中肯又足以鼓励自己的定位，因为无法从内心里去真正相信自己只是一个最最平常的普通人。

我们无法满足年幼时不知天高地厚的自我期望，所以我们在现实里一点一点地萎靡下去，因为我们承认了自己不会是当年心比天高时所希望成为的人，那个无所不能甚至是可以上天入地的英雄。

这样的英雄一点一点消失在决绝的现实里，揉碎在风里，布满曾经幻想征服的世界的每一个角落。所以我们相信了，相信了自己没有被上帝格外垂青，没有优越于常人的资本，自己只是上帝繁忙下无心眷顾的来来往往生生死死的万千凡人中的一个。我们只能在这样巨大的落差中任由自己痛苦堕落。

即便我们试图改变，我们试图通过努力去改变试卷上的分数来获得老师家长的赞赏从而把自己从堕落的深渊里拯救出来。可是这样的努力，过于疲惫，淹没在那一堆茫茫的题海里似乎只会让我们身心俱疲。

因为毕竟，我们只是普通人，无法做到微小的努力就换来震惊四座的结果。所以我们，依旧不自量力地负隅顽抗着，调整着自己所有的轨迹以足够卑微的姿态去面对生活。不可否认，我们都想过要放弃。

但是，又不可以。因为只有一次的人生如果在这样自怨自艾的灰色世界里一点点消逝似乎必然会心有不甘，没有谁能让我们重来一次，那些堕落的悔恨的甚至绝望的遗憾都会让我们的一生不得安宁。我们无法在我们老去的岁月里心安理得地回首一生的路，对那些年曾一腔热血相信未来的信仰满是歉疚，满是怜惜。那一腔曾经说好了要洒遍青春的热血，最后也只是在蹉跎的岁月里风化不见。

所以即便痛苦，我们依旧在努力。为了生活，为了生存，我们依旧选择了在快节奏的生活中以更快的步伐来超越生活，没有理由，没有借口，只是在一条单行路上拔足狂奔，因为似乎连回首的时间都不曾有过。

但是，可是，生活还是要继续。我们依然要朝着自己的未来奔去，即便是踽踽独行，也依然要铿锵有力。

我相信一切都会好起来，就像我所希望的那样。这些年我就在这样自欺欺人的安慰中兜兜转转，但是很幸运，我还是安然无恙地挺过了这么几年。每一件挺不过去的大事都在我们寻死觅活念叨着挺不过去的埋怨声中一点一点地挺过去了。哪怕被生活逼上了绝路，也要想一想，挺一挺也总是会过去的。因为那些波涛汹涌的大事在日后看来也不过是一场场的风轻云淡，虽然很多事情在日后看去总是会少了些沉重感或是当时的危机感，但是不可否认的，对于当初我们顽强地挺过来，我们还是有那么一点小小的骄傲的。

即便对生活哀声连连，我们也一定不可以就这么放弃。哪怕是为了日后我们可以骄傲地说一句“我不后悔”，也绝不可以放弃。

要给自己的人生，一地最灿烂的阳光。

每天叫醒我的，不是闹钟而是理想

在我自己的人生中，我渐渐发现，我的好朋友们虽然性格各不同，但几乎都有同一个特征，她们既张扬又难搞，放在公司里，一定都是评价两极分化很严重的人。她们既爱花钱，也会赚钱，谁也不能阻挡她们的买买买之路，放在同学里，绝不是老好人类型的。

可我就是能全部搞定她们，而且她们还非常爱我。想了想，大概原因是因为：我就是传说中自带鸡血的人。

1

比如我的朋友A，她喜欢钱带来的安全感。所以，她很努力花钱，也很会努力赚钱，同时还不时给我们分享（推销）她最近新买的东西。她加班的时候从来没有怨言，对社会也很少有抱怨，因为她没空。

很多人以为像她这样的人，也许是家境不够，或者是天生对物质要求比较高。但我知道，她两种都不是。

A曾经是一个极节俭的姑娘，从来不关注时尚，第一次见她就是T恤、牛仔裤、球鞋。她的人生目标就是攒钱，然后看着存折上的数字缓缓增长。

她说，她变成现在这样都是拜我所赐。她说要买房，我说好啊，选好了赶紧就买吧。付完首付，说没钱买衣服了，我说卡号给我，我借你一点，房奴更要穿得貌美如花。终于压力小一点了，她说要买车，我说，快买吧！你的人生特别需要一辆车。

她说，她的人生验证了一句话：会花钱，才会赚钱。而我见证了她如何成功变身励志姐，一个没有大学本科学历的姑娘，如何通过自己的努力，三年内在深圳买车买房。

为什么我要鼓励她花钱，因为热爱攒钱让她变成一个对生活很敷衍的人，能省则省，面膜不贴，连洗面奶都懒得用，自诩自己天生丽质。但我知道，她的内心，是一个有极强小宇宙能量的人。

对她这样的姑娘，我觉得治疗她的秘方，就是鼓励她买买买。因为谈情怀，对她来说是画大饼。所以我对她的改造，就是从逛街开始的。与其说我在鼓励她花钱，不如说，我在帮她不停给自己寻找努力的理由。

每一个花钱的理由，其实都是一个赚钱的动力。

每一次调升花钱的level，其实都是在提升自己努力的目标。

2

一次，她和我聊天，她好奇地问我：像你这样不那么爱赚钱，居然每天也鸡血满满，你努力奋斗的动机是什么？

我说，一开始，动机来自于我想证明自己。后来是因为，这一生我真心想对这个世界做点什么，我爱这个世界。她说：“滚你，又在给我装。你明明比我花得更多。”

她说的没错。我们之间的差别只是在于，比起大房子、豪车，我更喜欢花钱去旅行，去上课，去和朋友见面。比起那些奢侈品，我更喜欢买有设计感的品牌，我更喜欢带家人吃一顿大餐。我喜欢花钱来丰富人生的体验，并不想花钱来彰显自己多么有钱。

现实中我也有很多归隐田园的朋友，她们搬到喜欢的城市生活，在城市郊区开一间小小的民宿，或者开一个小小咖啡馆。但是，她们在那之前，都是拼命努力过、拼命奔跑过的人。

她们已积累好了足够的人脉、足够的经验以及足够笃定的心态，到了一定时候，毅然决定要以自己喜欢的方式去生活。这种放下，是因为理想造就根植于他们的心中，从来没有真正离开过他们。

不入世，不足以谈出世。

钱是奔跑路上的发动机，理想却是奔跑路上的翅膀。

我理解那些所有为钱努力的人，但我更欣赏心怀理想去努力的人。

3

人总是要图什么，才能突破懒、突破舒适的。

每个人决心努力赚钱的理由都不同，有的人图的是家人安稳，有的人图的是不再恐慌未来，有的人图的是匹配更好的爱情，有的人图的是比前男友活得更好，有的人图的是证明自己。这都是动机。

没有动机的人，没有爱好的人，往往就会随波逐流，变成一个无用的人。因为她们不知道这一生，懒或者不懒，舒适或者不舒适，会有什么大不同。

昨天看到一位读者的留言，心中甚是感动——你觉得他很辛苦，可对他而言，那或许是一种享受。

前几天我爸跟我说：当初，如果你回去做一份安稳的职业，哪用像现在辛苦。对，我也是到了20几岁，才发现，一直严格要求我的父母，其实对我并没有很高的期望。

所以，我早早就知道——我并不是为了满足父母的期望而活，我是在为我自己努力，这一切的辛苦，我早已习惯，甚至我不能想象，不努力应该怎么活。

说到底，女人和女人之间，命运的走向，真的不是来自于智商或者情商，而是来自于内心深处，是否真的爱上了那个努力的自己。

你要问我，为什么你总觉得努力的动力不够。

我给你的回答是——因为你努力的动机，就是什么时候不用努力就好。因为你努力的动机，是赶快休息。一个人在20岁就已经开始想什么时候可以不努力、什么时候能休息，人生必然是会被荒废的。

所以，问问自己，每天叫醒你的是什么？

每天叫醒我的，真的是理想。

你的钱猪，有什么闪光点

钱猪，也叫扑满，是家家都有的存放零钱的容器。虽然几分几毛的零钱看上去不起眼，但在穷到极点的时候，扑满里的钱，也能够救急。1992年，我在加拿大第一次买房，买完之后成了“房奴”，连吃饭的钱都没有了，就靠打破一个钱猪，用里面的钢镚支撑了一个多星期才活到今天。

让我想起这个话题的，是一位叫吴梁的大学生。他大四，专业是应用化工，但同班30几个同学，尚无人找到相关工作。他家在农村，父母为供他上学，把盖房子的钱都用掉了。吴梁成为家庭的希望，挣钱，成为他最要命的人生使命。

踏破铁鞋找工作，他找到一家与自己专业、经历、特长、兴趣毫不相关工作：做了一个推销炒股软件的电话推销员，没有底薪，只有看上去近在眼前、实际上远在天边的销售提成。

当他遇到我，问我这份工作如何时，我觉得这是他最糟透的选择。假如工作经验是一种积蓄，他在股票方面的经验之积蓄等于零。

于是我问他还有哪些经验？

他说他做过学校团委副书记和学生会干部，但考公务员失败了。这点经验暂时用不上。

他说他还做过奥运会志愿者，但这份经验，似乎无法和就业直接接轨。

他是学应用化学的，学习成绩非常好，但看不到任何相关就业机会。

这是一个优秀的大学生，但显然，他的优秀，只是传统教育定义的优秀，而不是就业市场呼唤的优秀。

面对一脸茫然的他，我问："你还会什么？还做过什么？你在大学期间有过任何工作经验吗？"

他想了想："嗯，我还在必胜客送过外卖。"

我眼睛一亮问他："送外卖一小时多少钱？"

"八元。"

我计算："八元，如果全日工作，一个月也能挣个小两千呢！"

于是我大喜，我说："你再说你找不到工作我跟你急！你已经有工作了！你只需要去必胜客申请复职，继续去做他们的外送就好了！当年我也送过，还当过优秀急送手呢。咱们同事啊！"

他摇摇头说："我干了一段就辞职了，最近回去申请过，但没有下文。然后就放弃了。"

我说："没有下文不要紧。这是你大学期间唯一干过的带薪工作，是你存放工作经验'钱猪'里仅有的钢镚。打破钱猪，把这个钢镚找出来，你就有了打开职场大门的硬通货了！必胜客不要你，你可以去达美乐，达美乐不要你，你可以去棒约翰，棒约翰不要你，你可以去麦当劳(最近也开始外卖)，麦当劳不要你，你干脆就去'安妮氏'……"

"安妮氏"是什么东西？

Annie's是北京CBD一家意大利餐厅连锁店，它的外送业务非常发达，门口总是有自行车队整装待发，我在北京居家生活，也常常order他们的食品。春节前，我叫了Annie's一百块钱的订单，因为我曾经送过外卖，知道他们的疾苦，更因为大年脚下，我就给了那个小伙子一百块钱的小费，之后心里非常温暖——我是说我的心里非常温暖！如同当年送外卖的我，自己拿到了这笔巨款！

"那个小伙子，不是你吴梁吧？"

知道为什么吴梁找不到工作了吗？作为曾经的外送专业人士，对于这份能够解决他燃眉之急的衣食父母，他对这个行业却并不了解，也不想了解，更没有做哪怕一点一滴的追踪和搜索工作，他当然难以走出就业的困境。

找啊找啊找工作，找到一份好工作——问题是你还得会找！

在吴梁的经验钱猪里，他只有一个硬币，但他却没有好好利用。必胜客拒收了他这枚硬币，他就几乎把它扔到一边，而不是去别处尝试运气。外送工作是一个流动性最高的工作，即使必胜客或必败客今天不需要人手，他们明天、后天、大后天、在可以等待的几周几月内，肯定会有job open，毫无疑问，吴梁一定会被录用！

我这么自信，是因为我自己的求职经验：1992年北美经济衰退最严重的时候，我是加拿大的硕士"应届毕业生"，找不到"对口工作"，只好去必胜客求职。在递交求职申请三个月，几乎已经不抱希望时，接到必胜客外卖部一个电话，第二天我就披挂上阵，开始了我的外卖生涯，家庭经济立即得到巨大改善！

干活干活，只有干，才能活。吴梁必须尽快找到一份活儿干起来，才能有尊严地活起来。就业大环境不好，对于吴梁以及所有和他处境相同的大学生，更需要提高自己的求职意识和求职能力！而吴梁的人生钱猪里，本来已经储存了"必胜客外卖经验"这枚硬币，他却没有好好利用，差点明珠暗投，错失良机。

正在找工作的大学生们，打开你的钱猪，看看里面有什么闪光的东西吧！

人生，需要的不仅仅是努力

我曾经见过一个20几岁姑娘的双手，那是40几岁操劳的形态，皮肤干瘪松弛，暗沉到脱水的颜色。在一家餐馆简陋的灶台上，手套胡乱地褪在一旁，一双手上下翻飞在生肉和竹签间，指甲间嵌满肥腻的肉碎。

那是一家朋友常去的烧烤店，因为营业到凌晨2点，是搞定夜宵的好去处。

下班后大家聚在一起，点几打火候正好的肉串，再分享一大扎啤酒，吃出雾气腾腾热闹非凡的人间气。

时间久了，和店里的肉串姑娘也混熟了，知道她25岁，出国已经三年，是穷苦的留学生，为赚取昂贵的生活费每天晚上在烧烤店从6点打工到深夜2点，工作内容就是坐在一张板凳上，对着发霉的墙角，串上整整两大盆的肉串。

那时我也有一份餐馆的工作，能够体谅这种辛苦。放学时来不及回家就要背着书包去餐馆做工，两分钟就要把十人桌的残羹收拾妥当，不然就会遭到老板娘的痛骂；两只脚忙到没工夫同时着地，头发丝儿里永远浸着一股洗不干净的廉价豆油味。

因为这种经历，我把姑娘当作革命战友，姑娘对我也有一份惺惺相惜的感情。

工薪阶层家庭的孩子出国读书，经历写出来像一本苦难史，除去上学与做功课，剩下的时间几乎都要找一份杂工来打。

几乎每个24小时加油站里，都会有这样的孩子在深夜里一边打着瞌睡，一边惦念着明天的功课；肮脏油腻的中餐馆，他们又会出现在后厨里洗碗洗到手指脱皮；深夜的办公大楼里，同样处境的一群人，一个人背着重重的吸尘器孤零零地望着整个城市的夜景……那些被上传到网上的照片，厚重的课本和临近截止日期的几千字论文，一度让人们非常羡慕留学生的世界简单得只有课业繁重，可照片背后的辛酸，却从未被放进镜头里，那是比课业更沉重的生活。

所幸，这个姑娘和我作为其中的一份子，虽然知晓自己和周围一掷千金的富二代相比，大概隔着奋斗十年的距离，却依旧脚踏实地努力着，没有为了一夜暴富走上歪门邪道。

而在我的生活圈里，这个姑娘绝对是最努力的人，虽然几乎人人都要在放学后去打一份工，可是像姑娘那样，每天只睡四五个小时，既要读书又要打夜工，如此拼命的，再没有第二个。

姑娘家境不好，父母退休后还找了份工作来做，电话里说“砸锅卖铁也要供你上学”的话，让她不敢懈怠半分。她的这份工作，整整做了两年，也从一个水灵灵的年纪熬成了一副沧桑的模样。

可是我渐渐地察觉到，姑娘的努力，和我的似乎有些不同。

起初在餐馆打工，是因为自己只懂一点英文，缺乏常识与生活技能，无法找到一份体面的工作，所以只能低下头来以一副谦卑的姿态面对生活。

尽管在餐馆里是被呼来喝去的角色，只要用心，却也总是可以找到值得学习的东西。经理的一通订货电话、客人的投诉、老板热情的推销，竖起耳朵，字里行间都能学到有用的信息。每当被老板支去洗碗的时候，看着同事窃喜的表情和水池里漂起黄腻腻的一层油渍，我就恨恨地对自己说："你22岁在这里洗碗，我一点都不怪你，但如果一年之后你还在这里，我绝对饶不了你！"

我一直坚信自己有更好的价值，读书十载，不是为了让自己去做一份不需要太多智商与情商的工作，走上成为一名聒噪妇女的路，因此这种"不被尊重不被需要随时可以被取代"的感觉，也常常令我感到十分受伤与不甘。

于是有空的时候，我都会花一点时间看免费华人报纸上的招工广告，或是从招聘网站上抄下用人公司的信息。有时候拿着圈圈点点的记录去给姑娘看，她却没什么反应，她觉得这都是没事瞎折腾，好不容易熟悉了一个地方的环境，赚的钱也够吃够喝，干吗要换来换去？

那时我和姑娘的工资一样，都要低于法定最低工资，代价就是每周40几个小时拼死拼活赚来的钱，都抵不上一个普通公司职员轻轻松松工作30个小时的薪水。

我觉得不公平，也亲眼见过这样的职员，并没有什么过人的才能，除了一些对公司产品的了解，只不过会开车，能说一口流畅自如的英文来，却不用像我们这样一副战战兢兢的奴才相。

于是我为自己留了心。把餐馆里的洋人当作免费的外教，去超市时也要和收银员多侃几句，看电视只看英文台不看中文泡沫剧，能说英文就不说中文，把自己彻底浸泡在西方的文化里，学会运用新的思维考虑旧的事情。

生命渐渐被填进很多可能，我看到从未见过的风景，开始憧憬更美好的未来。

我也一直鼓励姑娘："你长得那么漂亮，总不能一直在店里串肉串吧？"

姑娘说："我也想找一份好点的工作，可是我英文不好呀。"

我有些惋惜地看着那双苍老的手："那就每天学一点啊……"

姑娘睁大眼睛苦笑着："小姐，你还觉得我不够辛苦不够努力吗……"

可是学习英文，不就是为了让自己以后不再这么辛苦吗？

账户里稍稍存下一些钱的时候，我又买来一辆只能开不能看的二手车，拜托朋友教我开车。

从来没坐过驾驶员位置的自己，把交规熟读了两个月，还不敢轻易上路，就在5点钟起床趁着马路上人少的时候偷偷练习。

起初以20公里/小时的速度向下坡驶去，都觉得是不要命的神速，脚掌踩着刹车，脖颈一片冷汗，可是半个月之后我居然考到驾照，优哉游哉地上路了。我载着姑娘去喝咖啡的时候，和她大谈特谈学车的好处，姑娘一头雾水："小姐，没搞错吧，我的工作就在家门口，你难道让我开车去吗？"

可是开车，不是为了去看看家门口以外的世界吗？

后来聚餐时认识了朋友的朋友，听他说酒保还算是高薪行业，就咬咬牙花六百块大洋报名短期调酒班。

20个人的小班授课，只有我一个非本地人，听着老师字正腔圆的伦敦腔分外吃力。每天晚上放学，又要穿过一条灯红酒绿妓女站街的漫长路。我半闭着眼睛小跑到只有我和司机的公交车上，把书包里压扁的面包抽出来吃几口。窗外望去是凄冷的夜景，我竟然还觉得，这生活进步得还挺带劲儿。

当我换掉中餐馆的工作，到一家规模稍大的西餐馆去做服务生，可以有小幅度的加薪时，我和朋友跑到烧烤店里撮一顿，怂恿姑娘也去学点什么。

姑娘一边漫不经心地把肉戳在竹签上，一边看着我调酒的照片，倒吸一口冷气："小姐，这可是六百大洋啊，得打多少工才赚得回来？为了那一点加薪，还不如守着一份熟悉的工作好好干呢。”

可是学习一份技能，不是为了有更好的工作去赚更多的钱吗？

我的努力中一直有点仇恨的意味，目标明确，攻击性强，谁小瞧我，谁就成全了我。

而这个姑娘的努力，比较逆来顺受，每周除了上学还要做40几个小时的夜班，脸色惨白，黑眼圈常驻，连走路看起来都十分虚弱，却也没见她抱怨过。

我看着姑娘那双皱纹深重的双手，指甲又秃又短，一点女孩子的细腻都看不到，内心一颤，这是一双多么努力的手啊，可是努力，是为了这样吗？努力，不是应该为了有更好的生活？努力，不是该有方向才是么？

我看着她不自在的表情噤了声，或许人各有志，姑娘继续着每晚6点钟出现在烧烤店的生肉前，一双手摆弄竹签快速准确，那姿态真的比谁都努力。

发誓再也不要去洗碗的一年里，很多人很多事都为我打开了一扇窗，让我看到了生活的更多可能。

我换了五份工作，每一份都有新的知识可学，有新的问题要解决，有新的人去遇见，这些都在为更好的未来做铺垫。而当我再也不用去洗碗，开始体味到“被尊重”与“被需要”，工资变成了一年前的1.5倍，而姑娘还是肉串姑娘的时候，我们的友谊就渐渐地维持不下去了。

后来我的生活里，遇到了很多和姑娘一样的年轻人，大多数人都觉得自己早出晚归，已经努力到极限，并且觉得“洗一辈子碗，没什么丢人的”，也可以养活自己。

可是，明明可以发挥出更好的价值，又肯付出努力，为什么甘愿在一个中餐馆里打一辈子工，而彻底放弃成为更好的人的可能呢？

也许有人会说，“我起点低，和一些有条件的人相比，向上爬很难”，可是还记得《幸福来敲门》吗？穷困潦倒的克里斯看见一辆惹火的法拉利停在面前，迎上去问道：“你是做什么的？”当车内体面的男子给出“股票经纪人”的回答时，他并没有觉得那是自己无法企及的梦想，而是开始了从一个穷苦之人到成为股票经纪人的漫长道路。

上天在大多数情况下，还是公平豁达的，可是它不会对一种努力给予慷慨回报——这种努力缺乏方向感，徒劳无功，逼迫一个人对生活认输，又毁掉他进步的全部可能。努力从不是为了证明自己努力，而是为了拥有更好的生活，能够保持持续向上的目标，生活才会是一部进化史。

有人对人生进行过理性而又残酷的分析，在一张A4纸上画一个30×30的表格，如果让每个格子代表一个月，那么这900个看似微小的格子，就是你全部的人生。

再残忍一点，除去前面那些涉世未深的阶段，还有后面那些心有余而力不足的日子，你真正可以安心奋斗、决定自己高度的时间，用笔画在人生的A4纸上，只不过是那么短短的十几行，而平均每两年时间一个人就会被自己所创造的价值推向一个新的高度。

于是你常常在同学聚会中看到这样的情景：分别不过几年，有些人已经在事业上小有成就，有些人还在守着毕业后的那个职位原地踏步。大多数情况下，这种差别的存在，不是因为前者天资过人，也不是后者不够勤奋，他们付出等量的辛苦，只不过后者输给了方向感。

人生这件事，不是只有努力就够了。

后来我再也没去过那家烧烤店，不是不想念那个姑娘，而是再也不忍看见那样一双手。

在梦想面前，别再犹豫

我们都知道要实现梦想并不是一件容易的事情，但是很多时候不是我们没有能力去追梦，而是我们的犹豫，阻止了我们追梦的脚步。莫让梦想败给犹豫，要么勇往直前，要么彻底放弃，别把时间浪费在徘徊不定上面。

我们可以义无反顾地为了家人、朋友、恋人付出一切，却很难为了心中的梦想孤注一掷。比起能够真实感受到温暖的亲情、友情、爱情，梦想就显得虚无缥缈了。我们会害怕当我们牺牲所有之后，换来的是否还是一无所有。这份恐惧让我们对梦想望而却步。

我们会阅读励志文章，斗志都被鼓舞起来了，会参加励志讲座，听完了整个人热血沸腾，急切地想要干一番大事业。刚开始的几天还雄心壮志地拿起书本充实自己，或是打算报名技能培训班，可是满腔的热情随着时间和现实的冷却，渐渐降温了，坚持不了几天就停下来了。

然后我们开始怀疑自己是否真的有能力能够像那些成功人士一样功成名就，是否值得自己赌上一切去追寻一个还不知道能不能实现的梦。最后，我们往往都选择了放弃，继续过着一成不变的生活，却不一定能够彻底放下心中的梦想。

很多人的梦想之一就是环游世界，但是能够实现这个梦想的人并不多。实现不了是因为我们给自己找了太多放弃的理由了，例如没有钱，没有时间等等。但是同时我们又会羡慕那些能够到处旅行的人，热衷于观看别人的游记和拍下的旅游照片，会心动却不会付诸行动。

我们会幻想自己某一天可以无忧无虑地畅游这个广阔的世界，但根本不能肯定这一天会是在何年何月，甚至不知道这一天会不会真的到来。或许有的人早已做好了功课，连旅行路线都规划好了，可就是考虑这个，顾虑那个，最后还是没能启程。

在我们看来，能够实现梦想的概率实在是太低了，让我们没有勇气去尝试和坚持，所以我们犹豫了，找到各种理由把梦想一再地拖延。我们可以每天抱怨生活无趣，却不能每天为梦想多努力一点，让生活充实一些。是不是非要等到没有机会实现梦想了，才来后悔当初的犹豫不决？

能够绊住我们追梦脚步的东西正是我们的犹豫。假如我们一辈子都不能打败犹豫，我们很有可能一辈子只能抱着梦想入睡，或是做做白日梦，没有机会让梦想成为现实了。我们会羡慕那些梦想成真的人，也许我们羡慕的不仅是他们能够得到我们所没有的东西，还有他们身上拥有的却是我们最缺乏的勇气和坚持。

莫让梦想败给犹豫，犹豫得太久只会让我们更加痛苦，想要追梦就坚决一些，想要放弃就果断一些。犹豫是我们在追梦这条路上最大的敌人，世界这么大，别因为犹豫把自己困在一片小小的区域里叹息。

找到你的第一个客户

当现实给你一巴掌的时候，你应该和他击个掌。

我是在30年前进入保险行业的。现在，我是公司在得克萨斯州地区的总经理。

在我刚进入保险公司的时候，觉得自己非常失败，我从来没有想过我是这么做不好事情。一连三个月，尽管我每天都接受培训，每天读很多书，走很多路，拜访很多人，但我还是一个客户都找不到。

我大概并不适合做保险业务员，就对上司约翰先生说我想要放弃了。约翰先生对我笑笑说："小子，别轻易说放弃，你会越做越好的，你很快就会有第一个客户，只要有第一个客户，你就会有第二个、第三个……""谢谢约翰先生，希望这会是真的。"我无法辜负他的鼓励，只得重新走上街头去推销。

我怎么也没有想到，那天真是一个令人激动的日子。中午，我在林肯区的五号大街买了一个三明治，本来我应该再买一杯热牛奶的，但我口袋里的钱已经很少了，我必须尽量节省才行。我靠在马路边一根陈旧的电线杆上吃三明治，这时，我的耳边突然响起一个女人的声音：“你好，你是卖保险的吗？”

我连忙回头，是一个高贵的女士。“是的，太太，我是卖保险的，各种保险我都有，我能帮您什么吗？”我连忙回答她。

“太好了，我正想去保险公司，不过看来我十分幸运，我不需要走那么多路了。”女士说，“那么，先生，你可以帮我推荐一份婴儿保险吗？我的小女儿刚出生没几个月，你知道，她需要一份适合她的保险。”

“是的，太太，我很清楚什么保险对她最有用。”我装作十分精通业务的样子，同时在脑子里拼命搜寻婴儿保险的目录。当然，在我从包里掏出材料的那一刻，我已经在心里确定好了，我将向她推荐B-A3类婴儿保险。

女士看我手中有这么多材料，就邀请我进了旁边的一家咖啡厅，在那里，我一边喝着她付钱叫来的咖啡，一边对她讲解这项保险的优点，半个小时后，女士终于签下了单子，成了我的第一个客户。

我非常开心，连忙跑回公司递交了这笔业务。上司约翰先生也替我高兴。“你成功了，小子！”他这样说，“我说过，别轻易放弃，你会好的。”

“是的，约翰先生，谢谢你的鼓励，我一定会越做越好的。”我这样说。这第一笔业务的成交给了我很大的动力，我感觉一切都顺利起来了，三天后，我拥有了第二笔；第二个星期，我又谈妥了第三笔业务……约翰先生说得很对，我确实越做越好。一年后，我成了公司最优秀的业务员之一。

按说，事情应该就这样过去了，我虽然经常会想起我的第一个客户，但在一年后，我几乎已经想不起来她长什么样了，有时候我会电话回访她有没有什么需要我帮助，她都非常客气地说没有任何问题。

一年半以后，那是一个周末，我约了一个客户在一家餐厅里谈业务。在客户上洗手间的时候，我无聊地透过窗玻璃往街上看，结果，我居然看到了我的上司约翰先生，他正推着一辆小车子，小车上坐着一个非常可爱的小女孩。而在约翰先生的身边，则是一个女士挽着他的手臂，看得出来，那是他的妻子。

他的妻子？她！上帝，她是约翰的妻子？我惊呆了，是的，我没有认错，就是我那个几乎已经想不起来长什么样子了的第一个客户！她为什么要跟我买保险？约翰先生难道不会为自己的女儿买保险吗？我很不解。

我努力地回想着当初的每个细节，希望能解开这个困惑，我突然想到了那天早上，约翰上司对我说的话："小子，别轻易说放弃，你会越做越好的，你很快就会有第一个客户……"

一切都再明显不过了，是约翰先生为了鼓励我，才让他妻子找到我，从我手上给他们的小女儿买了那份保险。对约翰先生来说，给女儿买保险是可有可无的，但是对我来说，却完全改变了我，在我将要放弃的时候，它给了我继续奋斗的力量！

专注脚下的路，不负这美好人生

一年前，一个朋友对我说："我很讨厌现在的生活，每天按部就班两点一线，去到同样的地方，吃着一样的事物，复制昨天的生活，还要忍受父母的唠叨……毕业之后我最大的遗憾就是没有出去闯一闯，去看看外面的世界。"在她说话的时候，冒着热气的茶杯躺在手边，水木年华的歌正循环播放，在斜阳浅照的小奶茶店。

一年来，我的一些奔走在北上广的同学，那些生活在经济中心，享有最丰富的机会和职业种类等各种资源的人们，他们的说说或博客，出现最多却是"累，烦，孤独，想家，落泪……"这样令人心酸的字眼。我们究竟想过一种怎样的生活？

每个年轻人在工作的最初都会遇见一个孤独的时刻。青春将尽，少年们站在人生的十字路口，抬头看是美丽宁静的天空，低头看是泥泞不堪的土地。不管往哪一个方向去行走都有着无限的可能性，但也同时与危险和不确定性相伴而行。

如果有一辆开往终点的公交车，车上已拥挤不堪，第一种选择是你挤上去，公交车会以最迅速的方式送你去到想去的地方，但你需要去奋力同别人争夺有限的空间，甚至可能发生与别人发生冲突或不可预知的其他危险；第二种选择是跑步去目的地，这样做的好处是空气清新风景美好，但要慢得多，并且要忍受很多的风吹日晒。

你会选择怎样的一种生活？记得小时候，不管妈妈在我小熊猫书包里塞了再多的零食，我还是会盯着别的小朋友手中的好吃得流口水——自己的总是比不上别人的。所有漂泊的人生都梦想着平静的童年的小院儿和金黄的油菜花，正如所有看上去安逸的人生都幻想着女儿红、江湖和醉生梦死。

漂泊在北上广的人们总是念着“此心安处是吾乡”。留在家乡的小城市的人们总是抱怨环境的单一和限制，憧憬着外面的世界。曾经有人说，别人的生活，就如同被他自己P过的照片一样。只是“看上去很美”。我听到后猛烈地点头。其实，我们所向往的另一种人生，其实真的只是“看上去很美”的一种生活，其中滋味，甜苦自知。而无论怎样的生活都是普通人的五味杂陈，所有的光鲜亮丽都是一种经历，不是幸福感。

不管你选择了哪一种生活，都要承担选择的代价，你会得到一些，同时失去一些，这是必然的。那么这仅有一次的生命，我们该怎样去度过？你内心真正渴望的是什么？是追逐成功路上流汗的快乐？是温暖客厅里面一盏橙色的灯？是外面世界的精彩？还是别人的认同？是精神的自由？还是地位和名声？

这些问题，在外面找不到答案的时候，请记得回到自己，去问问自己的心——所有的答案，其实就在那。

我们本身具有的资源，已经足够让我们幸福一生，原本无须再向外去探寻。与其羡慕别人的光鲜，哀叹自己的生活，不如将更多的精力用在创建更好的自己。他人口中的价值观，别人眼中的光环，真的只是梦幻泡影而已。

生活，究其根本是自己的事情，经营好自己的青春。请不要负了仅有一次的人生。

做好普通事，再谈成功

西西弗斯

希腊神话中，西西弗斯受到惩罚，诸神要求他把一块巨石推上山顶。

而由于那巨石太重了，每每未上山顶就又滚下山去，前功尽弃，于是他就不断重复、永无止境地做这件事——诸神认为再也没有比进行这种无效无望的劳动更为严厉的惩罚了。西西弗斯的生命就在这样一件无效又无望的劳作当中慢慢消耗殆尽。

我们很多人都觉得自己是西西弗斯，我们日复一日重复着单调的工作，在这里面消耗自己的生命。

萧秋水说，我们大部分人都是普通人。

只是有些普通人，既不愿意吃苦，也不愿意付出，但是想着要不普通的生活。

做不好普通，却在扯成功

以前配眼镜，都是找几个眼镜店，挑选一个镜框，然后校验眼睛近视度数，然后交钱拿货走人。

但前两天我去配眼镜，眼镜店的销售小哥在销售过程中三次提高我的购买预算，而我都欣然接受。

这是为什么呢?

他在整个接待服务过程中一直表现得不像一个柜台服务人员。

他的打扮不像一个销售人员，更像是一个文艺青年；衣着清爽，自己戴的眼镜和脸型非常搭配。

他会观察我现在带的眼镜款式，然后跟我的要求，快速找到几种样式。

他会跟我的脸型和发型给出镜框的款式建议。

他居然会摆弄仪器，花了30分钟帮我详细测量眼镜的度数，散光，并给出平时用眼的注意事项。

他能拿出两种不同折射率的镜片用实物对比的方式告诉我，为什么另外一种镜片要贵一两百，以及为什么推荐我购买。

然后当他知道我在商城的书店做活动，就主动说可以帮我送过去，解决了我坐着干等的问题。

他会宣传他们店铺的二维码，告诉我，他们经常会做一些用眼主题的知识分享……

不知道你听我说完是什么感觉，反正我全程感受到的只有两个字：专业。

专注一件事，依然可以成神

在纪录片《寿司之神》中，讲述了一个这样的老人。

现年91岁的小野二郎是全球最年长的三星大厨，被称为“寿司之神”。

在小野二郎的店里做学徒，首先必须学会用手拧毛巾，毛巾很烫，一开始会烫伤手，这种训练很辛苦。

但你没学会拧毛巾，就不可能碰鱼。

然后，你要学会用刀和料理鱼。十年之后，他们才会让你练习煎蛋。

“我练习煎蛋很久了，以为自己没问题，但在实际操作时，却不断搞砸。他们一直说‘不行，不够好’。”

十年的基础训练完毕，小野二郎的徒弟中泽终于够格煎蛋，却发现自己似乎永远无法满足师傅们的标准。

他又花了四个月，经历200多个失败品后做出了第一个合格的成品。

当小野二郎说“这才是应该有的样子”，终于承认其为“职人”时，中泽高兴得哭了。

十年的学徒期呢！

我们多等不及，我们想要速成。

我们现在21天就想学会一项技能，我们渴望100天就能成为专家。

我们从事日常的普通的工作，然后我们看到网络上的红人们在日进斗金，我们抓狂了，喊着明天我也要！

即使是咪蒙，在今年火之前就已经在豆瓣写了五年的专栏，你知道吗？

你能坚持写文章写五年吗？

还有一个老头是褚时健，近80岁的老人，到云南大山里包了一个农场种橙子，一种就是十年。

黄铁鹰的《褚橙你也学不会》推荐大家去看看，里面其实也只说了两个字：专业。

把工作做到极致

保洁阿姨的工作算得上是一份普通的工作吧？

日本的东京羽田机场的新津春子，这个被誉为“世界上最干净的机场”的日本羽田机场统领全体500名清洁工的现场监督之一。

洁工在社会上的地位并不高，但新津不介意。

“既然自己只有这份工作了，那就把它做到极致吧！”

她能够准确快速地分析出污渍的产生原因和组成成分，然后从她那80多种清洁剂中选择性地使用。

她能根据不同清洁剂对不同污渍的祛除能力，以及在不同材料上的作用特点，进行选择与搭配。不仅如此，新津善用工具，并且还参与清洁用具的开发。

影片中拍摄了一段她处理不锈钢饮水台的过程。

她必须利用强酸洗液祛除饮水台上黏着的漂白粉。但如果强酸停留的时间过长则可能导致腐蚀反而使不锈钢失去光泽，所以她需要做到的是抓准临界点，在溶解掉漂白粉的同时迅速冲掉强酸洗液，让饮水台恢复以往的锃亮光泽。

你也许看明白了，她的工作已经远远超越了保洁工的范畴，而是在干技术活。

什么？我尽举些国外的例子？

那我们看看今天在简书首页的例子：和我家钟点工阿姨学学怎样月薪翻番，讲述了一个重形象、懂业务、能取舍、有胆识、会感激的钟点工阿姨如何月薪迅速翻番的案例，你看完会想到什么呢？

结论

你连“普通”都做不好，你还指望能出人头地？

我们都是普通人，我们都在从事一份普通的工作，但是我们不甘心普通。

这是一个很好的驱动力，请利用好它。

用你这种渴望取得成功的动力去行动——先让自己养成“专

业”地做事的习惯，而不是在那想。

褚时健先做酒，后做红塔山，现在又做褚橙，每一样都能成功，是他做事情较真，追求专业。

每次当我想偷懒，当我想停一停，降低一下标准的时候，我知道的那些大神他们就会提醒我。

你连普通的事情都做不好，你有什么资格谈成功？

3

任何时候，都不能放弃自己

假如生活欺骗了你，
不要悲伤，不要心急。
忧郁的日子里需要镇静：
相信吧，快乐的日子将会来临。

任何时候，都不能放弃自己

你是如何度过人生的低迷时期？在我并不算漫长的人生旅途里，有幸被人询问过几次。通常不是顾左右而言他，便是选择沉默不语。在我有限的生命里无数次地体会到微笑和沉默是两个非常有效的武器。微笑能解决很多问题，而沉默能避免很多问题。一直觉得自己的人生并没有完全意义上的低迷阶段，并不具有回答这类深刻问题的能力，所以总是选择沉默。

直到最近因缘际会之下结识了朋友A，无意间知晓了她的故事，才开始认真思考这一问题。朋友A的父亲出生于20世纪90年代，因为先天条件不足，出生便是弱智，眼看年岁渐大，却没有姑娘愿意嫁给他。无计可施的奶奶花了六千元钱从人贩子的手上买来了她的母亲。三岁时，母亲因为实在无法忍受与弱智的父亲共同生活而趁机逃离。

四岁时，家里唯一的经济支柱爷爷因病过世，年过六旬的奶奶只能带着她游走垃圾场拾捡废品度日。屋漏偏逢连夜雨，不怀好意的邻居诱骗父亲喝酒，让父亲变成一个彻头彻尾的酒鬼，以此来欺骗奶奶那微薄的收入换取酒钱。为了生存的需要，也是对父亲的彻底绝望，奶奶最终也弃她而去。

彼时，她才就读初中，没有任何的经济来源。锦上添花从来容易，雪中送炭却是极难的。亲戚朋友邻里左右看到她的境况没人愿意伸出援助之手，她只能自己去捡废品。可是，这远远不够，为了自己和父亲都能活下去，她在17岁那年嫁给了离她家不远的一个亲戚的儿子。婚姻并没有解救她，只是带她入了另一个深渊。

迫于生计，她做过服务员、保洁员、送过快递、发过传单、捡过垃圾，所有能够挣到钱的活儿她都做过，有时候一天做好几个工作。终于她贷款上了大学。只是大学毕业第一年就发现自己怀孕了。她是感谢她老公的，如果不是她老公看中了她，她不知道那样的日子她能不能熬过来。更重要的是，他给了她一个家。出于这样报恩的心，即使老公再怎么待她不好，她都选择包容隐忍。

只是婚姻从来不是包容与隐忍就可以的。在怀孕三个月的时候，老公外面的女人找上门来，没有父母及娘家撑腰的她怀着孩子被赶了出来。她带着当时身上仅有的三千块去医院打胎。做完手术之后就去找工作，因为她得养活自己。

才毕业没有工作经验，也并非就读名校，工作是处处碰壁。她只能先找份保洁的工作来保障基本的生活。因为手术的后遗症，也没有得到很好的调养，外加保洁工作的辛苦，她晕倒了。在医院醒来后，医生告诉她，因为身体的极度营养不良，她可能终生都无法再怀孕了。

她说，她永远忘不了那一天。做完手术之后身上还有1000多块钱，坐车的时候却被扒手偷走了。当时她坐在公交车上，实在太累，便迷迷糊糊地睡着了，回到租的地方发现钱没了。她一刻，她对生活感到了彻底的绝望。她愤怒。对命运感到愤怒。对社会感到愤怒。她不明白为什么是她，为什么就该是她承受这一切。她想要解脱，选择跳河自杀，但是一位路过的大伯把她救了起来，对她说："小姑娘，你还年轻。你不活着，怎么知道以后的人生是不是很精彩呢？"

"假如生活欺骗了你，不要悲伤，不要心急。忧郁的日子里需要镇静：相信吧，快乐的日子将会来临。"在现实的生活面前，在赤裸裸的生存面前，诗歌显得如此不堪一击。《一代宗师》里叶问曾经说过："我见过了高山，才发现最难过的原来是生活。"这句话很好地诠释了人生的真谛。

她的故事让我想起余华的那部小说《活着》。在那个炎热的午后，那位叫作福贵的老人所回忆的自己的一生。家道中落，半路征兵，老母病死，女儿失聪。老婆病去，中年丧子。女儿难产而死，女婿意外砸死。就是唯一的外孙也被吃青豆撑死。他活过了大半个世纪，经历了好几个朝代的磨难。在老年的时光，一头老牛，几缕阳光，平静地回忆，安静地诉说，原来活着，只是为了活着，没有那么多伟大的目标，也没有那么多正能量。

我不停地在想，倘若是我自己，能否做得比她更好，能否比她坚持得更久。她是生活在阴沟里的人，却仍然在努力地仰望星空。很早以前看过一篇报道，主人公是位记者，出于工作的需要他曾经拜访战后的阿富汗，在调查中他提到一位母亲，她的丈夫为了抵挡苏联入侵尸骨无存；她带着唯一的孩子躲避战火东奔西跑，在巴基斯坦的难民营里被警员强暴，生下第二个孩子。

又有一年，向西而逃，在伊朗边境，再次面临厄运，被边境的士兵强暴，生了第三个孩子；就这样，她一共孕育了四个孩子，且大多都称不上是爱情的结晶。可是她完全没有这样想过，她觉得每个孩子都是上帝赐予她最宝贵的礼物，他们都是最纯洁的天使，十几年如一日般，含辛茹苦地抚育他们。她抱着、牵着、背着这些孩子，翻山越岭，跋山涉水，穿过荆棘，越过战火，度过寒冬，避着热暑；无论生活给予她的是怎样的伤痛与不幸，她始终如一地选择用博爱来呵护这些孩子，用慈悲来包容这些孩子。

当我们在谈论人生的低迷时期该如何度过的时候，我们在谈论些什么？是远走的恋人，还是逝去的亲人，抑或是不理解自己的父母？是低收入的工作，还是没有考上理想的大学，抑或是创业时接二连三的失败？是遭受朋友的背叛，还是被亲密的人误解，抑或是自己的迷失与茫然？

一个人的成就，并不取决于他如何享受胜利，而在于这个人如何忍受失败。没有什么比信念更能支撑我们度过艰难时光了。只要有人还在仰望星空，你就不该放弃自己！曾经，我也以为自己的命运就是在饱尝生命漫长的艰辛度过茫然的一生之后，被历史碾成尘埃，为这个我自己都无法证明的个体曾经来过的世界增添一抔黄土足矣。

倘若没有见过太阳，我本可以忍受黑暗。从那位朋友的身上我得到了一种体悟，不能因为生活的艰辛而失去了心中的希望。那位视频中母亲的故事让我看到了一种力量，我们需要一种对爱坚守的信仰。

后来，朋友A在住院的时候遇到了现在的丈夫。他是老实本分的农民，家里一穷二白。因为母亲生病住院和她一个病房，看到她没有人照顾，起了恻隐之心。在给自己母亲打饭的时候总给她也打一份。一来二去慢慢也就熟悉了，知道她的情况之后便主动承担起了照顾她的工作。每天不是送骨头汤就是送水果，坚持要她吃。她第一次体会到了被人细心呵护的感觉。

因为经济条件不允许，他们没有办婚礼。她说："只要他对我好就足够。我是死都不怕的人，还怕穷吗？我一路也是穷着生活过来的。"他们的婚后生活很平淡。他一如既往地对她很好。她笑着说如今的她也从当时的80斤被他养到了120斤。他不仅把自己照顾得很好，对她的父亲也是尽心尽力。

前几天去医院检查身体，她已经被确认怀了宝宝。现在的她很幸福。她说她很感谢那位当日救了她的大伯，如果不是活着，她不会有现在的幸福。也很感谢那些痛苦的日子，才让她更懂得珍惜今天的一切。在祝福这位朋友的同时，我也惊叹于世事无常。不幸与幸运一样，都需要人去承担。

所谓的低迷时期不过就是两种可怕的心态在作祟，一是对过去彻底的否定，二是对未来彻底的失去信心。谁没有经历过一段那样的时光呢？没有人来帮助我们，也没有人来支持我们，甚至别人都误会我们，所有的事情只能是我们一个人去扛着，所有的情绪只有我们自己知道。面临这样的情况，有低落的情绪或者选择逃避，没有方向的迷茫或者失落都是很正常的。我们可以给自己一点时间去舒缓这种情绪，但时间不能长久。

当我们处在人生的低谷时，不要只是沉浸在迷茫与低谷带来的困苦中，应该想办法去改变这种环境，不要去探究生活的意义，这只会让我们更迷茫。生活本身是没有意义的，但我们却可以将它点缀得诗情画意。不要过多地去思考未来，而是立足当下。认真做好每一个我们可以掌控的事情，不急功近利，踏踏实实一步一个脚印地走稳。

罗曼·罗兰说：“只有一种英雄主义，就是在认清生活真相之后依然热爱生活。”请热爱生活，好好地对待自己。不要总是迷茫于生活，失望于过去，茫然于现在，胆怯于未来。也不要总是无聊地攀比，肤浅地羡慕，笨拙地效仿。学会去仰望星空，拥抱阳光！

最后，我将自己喜爱的莱蒙托夫的一首诗送给你：“一只船孤独的航行在海上，它既不寻求幸福，也不逃避幸福，它只是向前航行，底下是沉静碧蓝的大海，而头顶是金色耀眼的太阳。”愿不遗余力，在生活中遇见更好的自己。

别让自己成为随便的人

我大一时的室友是一群害羞的姑娘，大家从全国各地跑到最西边的花城，然后躲进了半山腰上的宿舍楼里。两个陕西姑娘，两个浙江妹子，就这样相遇在一起。在相处几天之后的某个周末，我开约了一次聚会。

“我们这周末出去聚餐吧，顺便聊聊天。”

“那你们想去哪里？想吃什么？”统一回答：“随便呀。”

那次聚餐，我们真的跑去“堕落街”很随便地找了一家店，点菜的时候一直不知道怎么选，问一个人说“都可以”，问另一个人说“随意啦”，再问另一个人“我不挑的”。

于是我就硬着头皮点单，油爆虾、辣炒鸡丁、日本豆腐、地三鲜，还有一道菜汤。这是比较常见的几道菜，因为考虑到有吃辣的和完全不能吃辣的，所以掺杂了一些菜式。

吃饭之前，我们聊得很开心，可吃的时候并不是所有人都开心。随着我们感情的增进，慢慢发现了彼此的喜好，才知道，原来H小姐是不吃葱的，D小姐不爱吃豆腐，L姐不喜欢油腻和辣的，因为她经常长痘。

了解之后才惊觉，原来一开始的那顿饭吃喝聊天都爽快的人竟然是我。我高中时有一帮很要好的闺蜜，平常我们也是经常出去聚餐。现在回想起来，那时候点餐好像一点也不用纠结，因为我们四个人里有两个活宝。

豆豆是个古灵精怪的少女，对，她又比我小两岁，自然是青春活泼美少女一枚。而叶子是一个潇洒独立的女生，两个人在一起总是能蹦跶出各种鬼点子。

我和胖胖就不一样了。我们两个因为性格特别随和，所以在做决定的时候往往也没有主见，例如午餐吃什么，K歌点什么曲，买衣服挑什么款，通通都随便。

我细细想了想，发现不光是以前的自己，现在我身边的很多人都是一样。一遇到出去聚餐，大家都会说，随便吃什么都可以；一遇到出去K歌，你帮我随便点一首；一遇到逛街，随便哪件都好看。

为什么大家都变成了那么随便的人呢?

我先深刻思考了以前的自己，发现原因其实很简单：

一是我想给不熟悉的人留下良好的第一印象，一下子暴露自己的喜好显得很挑剔。

二是因为自己不清楚对方的喜好，因为要照顾到对方，我不能先表达自己。

三是其实我不是很了解自己到底喜欢什么，没有很清晰的自我喜好定位。

四是害怕承担决策背后的风险，比如点的菜不好吃，点的歌年代太久远，出去旅游选的地方不好玩。这会慢慢让人变得用“随便”来逃避做出选择和决策。

五是懒得去思考吃喝玩乐这种问题。我以前还一直以为自己特别会照顾人，你看，我什么都依你，这不是给你最大的照顾吗？可是我没意识到的是，有时候被动也是一种不照顾人的表现。

因为如果我们在一段关系里永远只处于被动状态，那么双方都不太可能获得100%的满足感。特别是，当你们两个都是被动的人，相处到最后很容易被彼此判定为不合适，不光是情侣，朋友之间也一样。

所以，现在我再遇到“随便人”，我不会问你喜欢吃什么（因为他肯定回答都可以）。我首先会问，火锅、炒菜、西餐、日式和韩式你喜欢哪一个？在他选择大方向之后，我再问，你有什么忌口的吗？

我们往往在生活中不愿意做开放性问题，但是选择题还是相对简单的，这也可以避免因为没话题而产生的尴尬。说不定，一个选择题就打开了话匣子。

当然，如果你能成为不那么随便的人，也许我会更欣赏你。

因为这样的你，让人觉得很有魅力。你有自己喜欢的美食，你有自己偏爱的旅游方式，你也有自己独特的看法，你不再随波逐流选择别人都可以的东西，你有自己钟爱的服装品牌，你也有自己的小脾气。

这样的你，独一无二，无可替代，不再是“随便人”。

我在努力成为这样的人。

成功的捷径，就是把事情做到极致

上中学时，父亲就告诉我："懂一百个道理，不如懂一个方法重要；一百次的感动，不如一次行动有帮助。"到目前为止，我那一点小小的成功，很大程度就是缘于对这句话的领悟。

几乎所有的人都害怕公众演讲。和很多人一样，我从小就特别渴望在众人面前出色自如地表达自我，但无论我怎样尝试似乎都无法达到预期。我又是一个很容易紧张的人，性格有些怯懦。后来，我进入新东方当老师，不得不面对成百上千，甚至上万的学生。为了练好这个当老师的必杀技，我几乎看了所有能找到的讲解演讲之道、演讲技巧的书籍。曾经有那么一阵儿，我甚至变成了自己讲不好，但能教别人讲好的神人。

有一天，当我又一次在空无一人的教室里模拟演讲时，一位同事走进来，看了一会儿说："你意识到自己存在的问题了吗？如果没有，这样讲一万遍也没有用。"

在他的建议下，我采用了"刻意练习"的方法。"刻意练习"是佛罗里达大学的一位心理学家提出的一套练习方法，方法的秘诀在于重复与反馈。

首先，练习者需要建立对正确方法的认知。以演讲来说，必须真正去了解什么是好的演讲，而想要达到这一点，仅靠读抽象的书籍是不够的。因此，我找来了几乎所有名家的演讲视频，反复观看、揣摩其中的精妙之处。有机会我还会去现场听一些名人的演讲，现场感受那种万人欢呼、掌声雷动的氛围。接下来，我进行了练习——反馈——练习的循环训练。刻意练习，是以错误为中心的练习，练习者必须建立起对错误的极度敏感，一旦发现自己错了会感到非常不舒服，然后一直练习到改正了为止。

无论是模拟练习，还是上台讲课，我开始有意把自己的演讲录成视频。回到家，再反复观看这些视频。一开始，看到视频中的自己会很不习惯，而且会发现很多之前自以为表现良好的地方实际却并非如此。像大多数没有受过播音、形体方面专业训练的人一样，讲到激动处，我会使劲挥舞手臂，幅度大到在镜头上看不到我的脸，只看到一只手挥来挥去，身子也随之摇晃，没有力量；我还会经常重复“这就是说”“也就是说”等口头禅，英语中就是“so……so……that……that……”；对于熟悉的内容，我通常会讲得很快，节奏感不强。而最要命的是，我没有镜头感，无法让听众感觉到我在注视着他们，在关心他们的反馈。我把这些需要改进的问题用本子记录下来，不断进行纠正，并且与下一次的公众演讲视频进行对比，直到某个问题完全不再出现时，我才会把这个问题从本子上抹去。

经过无数次的练习之后，我不但对于课堂演讲驾轻就熟，还成了一名演讲师，站到了拥有成千上万观众的“梦想之旅”系列演讲的现场。

我自然算不上天才，对于自己通过一番努力取得的这一点进步，我的感触就是，世界上哪有什么成功的捷径，当你学会把最简单的事做到极致时，成功自然也就离你不远了。

方向永远比努力更重要

有时做事的方式，远比做什么事来的重要，只要方法得当，无论再大的事都能做成，我想这篇文章给我们的就是这点启示。

经常有朋友这样问我："他的能力并不比我弱，也不见得比我懒，为什么这件事我能做成，他却失败了？"每次我都这样回答他们："方向比努力更重要。"

有一位著名的美国科学家，曾进行了这样一项十分有趣的试验：他在两个玻璃瓶里各放进了五只苍蝇和五只蜜蜂，然后将玻璃瓶的底部对着有光源的一方，而将开口朝向暗的一方。几个小时之后，科学家发现，那五只蜜蜂全部都撞死了，而五只苍蝇早就在玻璃瓶后端找到了出路。

一向勤劳、聪明的蜜蜂为什么找不到出口呢？经研究发现，蜜蜂通过经验认定有光源的地方才是出口，它们不停地重复这种合乎逻辑的行为。对蜜蜂来说，玻璃是一种超自然的神秘之物，它们在自然界中从来没遇到过这种不可穿透的"大气层"，而它们的智力越高，这种奇怪的障碍就越显得无法接受和不可理解。它们每次朝光源飞，都用尽了力量，被撞后还是不吸取教训，爬起来后继续撞向同一个地方，同伴们的牺牲并不能唤醒它们的觉悟，它们依旧朝那个有光源的方向拼命挣扎，最终导致死亡。

而那些苍蝇，由于对事物的逻辑毫不留意，全然不顾亮光的吸引，四下乱飞，结果误打误撞地碰上了好运气，这些头脑简单者总是在智者消亡的时候顺利得救。苍蝇最终发现那个正中下怀的出口，并因此获得了自由和新生。

其实，生活中类似蜜蜂和苍蝇这样的事例真是太多了。许多人选定一个方向后为之坚持不懈地努力，尽管结果事与愿违，可他们仍不愿放弃，他们认为自己是智者，自己选的方向总没错，而事实上，这错误的方向让他们的一生都活在失败中；也有些人，在意识到失败后，赶紧仔细分析，调整努力的方向，不断尝试，最终更快地找到出路、获得成功。

有一位诺贝尔奖获得者在谈到他成功的经验时说："从容思考，从速实行，方向永远比努力更重要。"我想，这句话可以给在茫然奋斗中的人们一些启迪吧。

少壮不努力，将来何所依

1

前段时间回老家，表弟见了我，眼泪汪汪地说："姐，我从去年到现在相亲不下几十次了，咋就没有姑娘看上我呢？好心塞！"

我认真和他分析，现在的姑娘都喜欢积极努力上进的男人，你可以现在没钱，但一定要有上进心，肯吃苦耐劳，能让她们看到希望，给她们足够的安全感。

表弟一脸迷茫地说："我挺努力的！我有工作，每天按时按点上下班，从来不迟到早退。我又没有吃喝嫖赌，整天在大街上游手好闲，咋就没有安全感呢？"

我问他："那你一个月赚多少钱？还完房贷还剩多少？"

表弟慢慢低下头，缓缓地伸出两根手指。

"两千？"我问。

"还完房贷还剩两百！"表弟有些不好意思。

我问他："那你只剩两百块钱，将来怎么养家养孩子？"

表弟理直气壮地说："那媳妇也得上班赚钱！而且我爸妈现在一个月也能赚几千块钱，养家糊口不是问题。"

“那好！如果你媳妇将来生孩子，就像我现在一样至少三年没法出去工作。你父母已经年迈，而且他们那点钱也只够他们自己日常开销。你有没有想过等他们老了，将来你怎么赡养父母，有了孩子后，又如何抚养孩子呢？”

“那我该咋办？我也想赚钱，就是没门路。”表弟无奈地说。

我开导他：“你们这一行做销售肯定特别赚钱，再说你现在也积累了不少人脉，销售起来应该蛮轻松的。干得好，两三年就能把房贷还清了。”

表弟把头摇成拨浪鼓，“干销售太累了，再说了，我的性格不适合做销售。我不想活得那么辛苦。”

我继续劝他：“那如果你不想做销售，可以下班后把玩游戏的时间，拿来充实自己的专业知识，一定要把基本功学扎实。八小时内求生存，八小时外求发展。你的事业今后能否更上一层楼，完全取决你有没有充分利用好你的业余时间。要知道，努力只能及格，拼命才能优秀！”

表弟有点生气地说：“你为啥老想着让我赚钱？我不想活得那么辛苦，我也不奢望大富大贵，我只想过好平淡安稳的小日子，你为什么老是把你的想法强加于我身上，那不是我想要的生活方式。”

我也怒了：“你是一个男人，请你像一个男人一样担负起养家的责任。你的父母五六十岁了，为了给你买房还房贷到现在都背井离乡地去打工，你有什么理由不努力，不拼搏。”

“你还好意思没日没夜地玩游戏，你现在趁着年轻不努力，将来拿什么撑起这个家。你的不努力，就是一种自私！”

表弟羞愧难当，“姐，你说的那些大道理我都懂，但是改变太难，太痛苦了。”

我语重心长地说：“改变虽然痛苦，但却是成本最小，见效最快的投资。”

人生能有几时搏，此时不搏何时搏？其实人生之中能努力奋斗的时间也就不过十年而已。25—30岁是我们在所擅长的领域积累基础知识的宝贵阶段，这时候你要拼命学习，踏踏实实把基础打牢，就像是打地基一样，你能否盖成梦想的大楼，完全取决于你基础是否牢固。

30—35岁之间是积累人脉和经验的时候，这个时候也是考验你基础是否牢固的阶段。如果你足够努力，足够优秀，那么你周围都是和你站在同一个高度的优秀人才。记住，你所在的位置，决定了你的人脉关系。

一旦错过了该努力奋斗的这十年，你接下来的生活就会举步艰难。在可以吃苦的年纪，一定不要选择安逸，因为年轻时的不努力和安逸，会让你的晚年买单。

2

一个许久没有联系的大学同学突然在微信上问我："阿珂，你知道现在干什么最赚钱么？"

我在脑海里努力搜索了一下，然后告诉她："自己创业最赚钱吧！咱不是学的形象设计么？你可以开一个化妆品店，顺便帮顾客做化妆造型，也可以在网上接单，现在结婚一个新娘妆都成百上千的，应该前景还不错。"

同学发了一个撇嘴的表情，"亲，创业需要资金投入，我哪有钱开店？"

我思索了一下说："那你可以先摆地摊！好多大企业家都是摆地摊起家的。你还记得咱们宿舍小晴不？人家晚上下班后，在夜市上卖指甲油，一晚上只干一个小时，一个月还能赚小一万呢！"

同学发了一个惊诧的表情："天啊！一万块钱，是我们两口子工资的两倍！可是摆地摊忒累了，我可吃不了那苦，小晴就是一个钻钱眼里的工作狂，上学那会就天天到处去宿舍推销化妆品，真搞不懂，一个女孩子家活得那么拼干吗！那可不是我想要的生活方式，我只想平平淡淡安安稳稳过好一生。"

我告诉她，"可是你知道吗？人家小晴自己买房子了，100多万的房子，自己付首付，自己还房贷。而且今年人家还去了四个国家旅游。即便如此，人家还能担负起妹妹的学费和生活费。"

所以靠自己努力换来的轻松、舒适、物质充裕的生活才是真正简单快乐平淡的生活！

你那种因为没钱而不敢奢望更好的物质生活，不得以降低生活质量和水平的简单，明明就是穷困潦倒好吗？

你知道一个女孩为什么要如此努力吗？因为只有自己足够优秀才能找到更加优秀的另一半，最重要的是，你只有努力工作才配拥有美好的未来！

同学快要哭了："那我该咋办？我现在商场卖化妆品，一天工作12个小时，一个月只休一天，累死累活才1500块钱，我还有救么？"

我安慰她，"选择比努力更重要，只要你从现在开始找到适合自己的工作方向，然后拼命努力，一定可以改变不满意的现状。"

同学十分无奈地说："我也想拼命努力赚钱，但是我身不由己！我又怀孕了，不能太辛苦的！"

我惊得下巴都掉下来了，"你不是已经有俩女儿了，咋又怀上了？不会被罚款么？"

同学神秘兮兮地说："医生说，这次是个儿子，恐怕得罚十几万吧！所以我才很苦恼，想要找到快速发财之道啊！"

我气不打一处来："人家富豪，千方百计想生儿子，是害怕万贯家财没人继承。你们自己糊口都是问题，还要冒着罚款十几万的风险，费劲巴拉的图啥？”

同学有些为难地说：“我是也是逼不得已啊，老公家一直想要个儿子。”

我无奈地叹了口气，“好吧！那你为了你的三个孩子，更应该拼命努力赚钱不是么？”

同学发了个抓狂的表情说：“唉！我就是不想活得那么累，有没有那种躺在床上睡觉就能大把来钱的好工作呢？”

我要崩溃了，“拜托，天上没有掉馅饼的好事，偶尔有一次两次，不是圈套就是陷阱！想要赚钱就得脚踏实地，吃苦耐劳！”

同学满不在乎地说：“无所谓了，反正我就是吃苦受累的穷命。我也不异想天开地赚大钱了，只要一家人平平安安，有口饭吃就行了。不是都说孩子得穷养么？把他们放在农村老家，让爷爷奶奶带着，一只羊是放，三只羊也是放对吧！孩子怎么都能养大。”

我非常严肃地告诉她：“孩子生出来就得对他们负责任，你可以不给他们良好的生活环境，但至少要让他们过上正常人的生活，在父母陪伴的下快乐成长。你这样把孩子送回老家丢给爷爷奶奶，就是一种极其不负责任的行为。因为你的不努力和自私，父母无法安享晚年，孩子没办法在良好的原生家庭环境中健康快乐成长。”

同学有些不服气地说：“我又不是个例，你去农村看看，留守儿童一抓一大把。难道他们的父母都是不努力，都自私么？”

我痛心疾首地说："农村普遍现象并不代表这件事情是对的，正所谓，所有的结果都和童年有关，留守儿童的成长和心理问题已经成为社会焦点。如果你们觉得在大城市打拼很累，赚钱很艰难，可以回到老家开个小店，既能陪伴孩子成长，还能照顾年迈的父母。请你们肩负起，一个成年人该有的担当和应尽的责任好吗？如果你现在不努力，拿什么让孩子和父母过上简单快乐平淡的日子呢？"

3

十几年前，18岁的小姨，在老家鞋城做了几个月售货员后，发现卖鞋利润非常可观，于是借了五千块钱，也在鞋城盘了一个专柜。那时，曾经和小姨一起做售货员的姑娘们看到小姨起早贪黑地进货，玩命地卖货，每天累得像狗一样，非常不理解。

她们嗤之以鼻地说，女人将来终究要嫁人，相夫教子的，那么玩命地赚钱干啥。女人嘛，干得好不如嫁得好！只要把自己打扮得漂漂亮亮的钓个金龟婿就行了。

小姨也非常不理解她们，只有干得好，才能嫁得好啊！同样是一天站12个小时，你们为什么不自己干呢？给别人打工一个月才几百块钱，自己干一个月成千上万呢！

姑娘们个个把头摇成拨浪鼓，自己干多累啊！操心费力的，万一赔了咋办？还是给别人打工保险一点。再说了，我们可不像你一样那么庸俗，都钻钱眼里了，野心勃勃地非要赚大钱，钱是万能的么？有钱能买来幸福么？

年轻气盛的小姨怒不可遏，你们怎么那么自私呢？你们现在还那么年轻，只要稍微努力一点，就能给自己的老公减轻压力，让自己的孩子过得好一点，让父母安享晚年。是的！钱不是万能的，但没钱你拿什么养孩子，靠什么赡养父母。姑娘们被小姨说得痛哭流涕，她们边哭边说，我们只是想过简单平淡的生活。

十几年过去，那些做售货员的姑娘们并没有因为年轻漂亮而觅得好夫婿，她们大都嫁给了和自己门当户对的打工仔，过着长期分居的生活。她们依然做着售货员，工资并没有涨太多，至少和飞涨的物价比起来相差甚远。

“十八线”县城的售货员福利待遇低到极点，没有五险一金，没有节假日，每天工作12小时，一个月只能休息一天，还得看尽老板脸色。所以她们根本没有足够的时间陪伴孩子和家人。

人到中年，他们依然生活得很艰难，没有想象中的简单、平淡、快乐。

小姨虽然并没有大富大贵，但全款买了两套房子，没有房贷的压力。虽然并没有嫁得很好，但小姨父名牌大学毕业，在重点高中当老师，工作稳定体面，节假日很多，有足够的时间陪伴孩子。

小姨工作轻松自由，随心所欲，有足够的钱和时间，可以带着姥姥姥爷来场说走就走的旅行，因为即使她不在商场的销售业绩也依然很可观。

是的！小姨在该拼搏的年纪好好努力过了，所以她现在有资格过着简单快乐而平淡的生活。

正在年轻的你，如果家境一般，是没有资格选择所谓的平淡生活，因为，你的不努力，会让你和家人看不到未来和希望，你的不努力就是一种逃避现实的自私。

不要总说，我是一个女人，没必要活得那么拼。首先你是个成年人，就得有所担当，肩负起对家庭和社会应尽的责任和义务，撑起属于自己的半边天。

所以即使作为一个女人，你也完全没有理由和资格、不努力、不奋斗。

正所谓，少壮不努力，老大徒伤悲，趁着年轻就应该多吃点苦头，这样到老了你才能轻松一点。

女人亦如此，那么男人们如果你非要用追求简单平淡的生活来逃避努力和奋斗，那就不要怪我说你太自私好吗？

时间还早，你别着急

1

有个朋友找我聊天，说自己都毕业三年多了，还一事无成。眼看着再过一个月2016年就要过去了，自己还和年初一样，制定的计划没有好好完成。

她说，自从毕业以来，每天忙着工作，忙着兼职，经常晚上搭地铁回出租屋时，站着都能睡着。回来的时候已经累得不行了，还吭哧吭哧地看起书来。可三年过去了，工作毫无进展，加上年岁增长，家里人已经不止一次电话过来，让她回家去相亲，特别是这段时间，逼得越加紧了，甚至已经将她过年回去的每一天都约好了不同的相亲对象。

当年的她一个人背着行囊，来到这座陌生的城市，以为自己可以大展宏图。但现实是，通过绿色贷款才勉强把大学读完；为了挣生活费，每天只睡几个小时……

说到动情处，她不由得哭了起来，她望着我发问："为什么我会这么失败，一事无成？"

本来我准备了很多劝导她的话，可听到她这一问，顿时感到很心疼。心疼一个姑娘靠着自己的努力一点点地进步，每走一步都很艰难。可听到她熬过了那么多孤独的不眠之夜，又打心底佩服她这份独立和勇敢。

可是，她努力过后，却忽视了自己的成绩，焦虑紧张得不能自已，只用一事无成来定论年纪轻轻的自己，又让我感到一丝悲哀。

到了嘴边的规劝，变成了一句：你还那么年轻，别着急给自己贴上“一事无成”的标签。你看你这三年，努力阳光向上，该做的事情都做得有条不紊，没有升职也只是暂时的。

眼下让你感到焦虑抑郁的是家里人给你带来的一些压力，这可能是因为你没有好好地跟父母沟通。他们怕你过得不好，这都是父母正常的心理。谁不想自己的儿女过得幸福健康呢？

对于这样的事情，你首先要相信自己，去跟家人沟通，让家人也相信你可以处理得很好。那么自然而然地，你的这些压力、焦虑也就变淡了。

2

我的一位同事莎莎，毕业那年也是一无所有，同班同学很快都拿到了属于自己的实习岗位通知书，而她投了上百份简历却毫无音讯。无奈之下，她一个人揣着几百块钱，拿了几套衣服，直奔深圳。

出生在小地方的她只有一个梦想，就是多赚钱，可以让家人过好日子。可是，来深圳一个星期还没找到工作，身上的几百块钱却真的就要用完了。

她所能想到的就是，放弃自己的本专业，收起学历学位证书，到超市应聘女装促销员。管吃管住，就是工资低，但是能够解决眼下问题的也就只有这一个办法了。

她在女装店上班时总有个习惯，每次看见上店里来试衣服的姑娘，都要详细记下姑娘的外貌以及选衣风格，当这些人第二次来的时候，她就能够熟练地推销适合对方的衣服。甚至，她还学着在网上推销衣服。这样一段时间后，她的业绩大家有目共睹，她很快就被提拔成了店长。

慢慢地，老顾客都愿意跟她聊天，不仅仅是因为她能够推荐合适合的衣服，还因为眼前的这个姑娘能给人一种真诚的感觉，所以大家都愿意相信她。

可即便是店长，也很无奈。她的同学一个个做着白领，领着成千上万的工资，而她的心里还是觉得有落差。在同学聚会那一刻，她借口自己很忙，没有去参加。

后来她告诉我，那时候的自己觉得人生太失败了，一事无成，害怕别人看出来。

但她并没有一直自卑下去，而是更认真地做事情。后来，机缘巧合，我的上司都是从她那儿买衣服，跟她很谈得来，她便成了上司特邀加入我们公司工作的伙伴。

莎莎曾说，现在回过头去看看自己的过去，觉得自己最傻的行为就是太早在自己的心里下一事无成的定论了。但比某些人好一点的是，这种消极的态度没有持续太久，她更卖力地去完成自己认为该做的事情。

3

仔细想想在几年前最失意的时候，我也曾给自己贴过这样的标签。在最想拥有最好的时候，没能够拥有，就觉得自己的人生太失败了，觉得自己一事无成，而后陷入无止境的愧疚、压抑中，到最后无法自拔地抑郁。

这种心理暗示不过是一句话而已，当时却没有意识到它竟会拥有十足的潜在杀伤力。可即使一件事情不会美好，我们也着实没有必要过早地为自己贴上一事无成的标签。

一个人在哪里展现他的价值，是需要时间的。大器晚成者多的是，别总拿张爱玲的“成名要趁早”来说话，因为你不是那个人。你要明白，现在一事无成并不代表着将来，你想要的总有一天会到来。

而你，也会越沉淀，越光芒闪耀。

因为太弱小，所以没有存在感

Sunny是从其他部门调来的，初来乍到，第一天就带了双份的零食，休息时分给周围的人。中午吃饭的时候，Sunny问其他同事要去哪里吃，大家投票说吃乌冬面，她主动拿出手机来，说：“我来团购，几个人？”下午大家偶尔聊天，说起上周末的聚会，Sunny也忍不住来搭话：“那里很不错，我经常去。”每到这个时候，大家不但会中断话题，甚至参与者都不知道Sunny为什么插进来。

Sunny把组内每个人的微信都加了一遍，只要有谁发朋友圈，她都第一个点赞，然后说一堆让人开心的话。但不管那条状态下有多少条回复，都没有人回复她。同样地，她的每条状态下面，基本上没有组内任何同事的点赞和评论。

每年11月，公司会组织一次近郊旅游，为了节约经费，一般安排两名员工住在一个房间。和Sunny分到一屋的女同事，竟然要求行政重新分房间。最终Sunny对领导说当天有事，不去了。

有一天午饭时，我和组里的同事王爷聊天，说到Sunny，觉得她蛮可怜的。王爷咽下口中的饭，看着我说：“她是把社交友谊看得太廉价了。虽说感情的事，要付出才有回应，但付出前连对象也不看，那就是自讨苦吃。好多看起来的投缘不过是逢场作戏，不要以为你掏心掏肺，别人就会善待你的友谊。有时候，那群人聊的事情，你根本不感兴趣，还想要插嘴去附和，以为别人会因此注意到你，其实到头来，都是自己在演独角戏。有些人可以被归类为朋友，有些人仅能止步于同事。”

王爷讲了她一个朋友的故事。她的朋友中途转行进了娱乐圈，起初并不开心，身边的小团体基本很难挤进去，虽然每个人像都认识了，但是别人讲话、开玩笑从来不带上她，其他人都出唱片、拍电影，她也很努力想要和那些人看齐，但是没有人注意她。事实上她的条件并不差，只是缺少机会。

等到机会到了，出了专辑，给圈子里的朋友都寄了一张，说是希望大家指点指点，其实是希望大家能够想起自己。然而，唱片寄出后，几乎没有回音。几个月后问起，对方才突然意识到好像确实签收过什么，但放在角落里没有注意。她也只是和善地笑，说着没关系。每个人都很忙，在你不够强大的时候，根本没人会注意到你。

过了几年，她越来越优秀，很多人开始注意到她。这时候，过去那些不把她放在心上的朋友又开始和她交往，好像之前的不重视从没发生过。说到底，还是自己底子硬了，也就不存在所谓的“巴结”和“讨好”。

那天下午，我注意到只要是有人叫Sunny做事，Sunny就会很开心地去帮忙，然而帮过之后，除了一句简单的“谢谢”，别人也并没有给她太好看的脸色。下班之后，大组聚餐，名单里面没有Sunny，她只淡淡一笑，说：“没关系，我正巧约了人。”我因为工作没有做完，和领导说晚些去，后来打卡下楼时，却发现Sunny坐在便利店的椅子上吃面包。如果我没有看错，Sunny无神的双眼有些泛红，时不时望着手机发呆。

第二天，我私下写了一封邮件给Sunny，内容不多，只是告诉她，与其把时间浪费在别人身上，不如把时间花在自己身上。下班时，我收到Sunny的邮件，只有简单的两个字：谢谢。

Sunny开始用心经营自己的工作，想方设法得到领导赏识，办公室加班的人并不多，Sunny便是其中一个，因为没有同事邀约，也没有额外安排，所以她常常做事做到很晚。但是组内人员太多，每个人都有强烈的表现欲，Sunny依旧淹没在众人之中。半个月后，Sunny申请外派。很多本地的员工都不愿意外派，工资没有比国内高多少，环境比国内还要差。Sunny还是执意申请了，她到我座位边上，递给我一瓶酸奶，说：“谢谢你。”Sunny笑得很轻松。

Sunny去了海外后，每次我们开电视会议，基本都能看到她。听说，她去了海外之后，很快就成了主心骨。因为人少，所以交际圈子简单，大家没有那么多想法，只想着开心工作，氛围很好。

那年，Sunny连升三级。后来Sunny作为海外事务所代表回来的时候，以前那些同事突然都拥上去问东问西，好像迎接归国友人一样。

Sunny过来和我打招呼，我说：“看你越来越好了，真替你开心。”

Sunny大方地笑，说：“谢谢你的信。”

Sunny回海外之前，给我发了一条信息，她问：“怎样才可以真正地做到不计较？”

我回了一句话：“强大到让别人计较你。”

Sunny回了一个笑脸，她说她懂了。

存在感从来不是别人给的，只是自己太过弱小，没有足够的分量存在于世界上。你不需要去讨好全世界，只需要做好自己，静静等待被你品质吸引的人，主动且乐意和你走到一起。

有时，信心比金子还重要

多年前，有一位19岁的年轻人正在念大学，晚饭后，他习惯地拿起导师给他安排的作业，他是一个极有天赋的学生，几乎没有什么数学问题能够难住他。和往常一样，他很快就完成了前面的习题，可是在做最后一道题时，他卡住了，感觉寸步难行。

这道题是他从未遇到过的类型，要求用圆规和一把没有刻度的直尺做出一个正十七边形的图案来，他冥思苦想，但始终找不到破题的方法。

一向聪明好强的他不相信自己做不出来，他觉得世上没有解决不了的数学问题，只是自己暂时没有找到方法而已。后来，他索性边画边想，并采取一些非常规的思维。当东方发白时，他终于长长地舒了一口气，因为他已经找到了解决问题的方法。

第二天，当他将作业交给导师看时，导师惊呆了，颤抖着问他："这是你自己完成的吗？"他点点头说："是的，它几乎耗费了我一个晚上的时间。"导师掩饰不住内心的激动，他无比高兴地说："简直难以置信，你竟然用一个晚上的时间解决了这个两千年来悬而未决的难题，要知道，阿基米德没有做出来，牛顿没有做出来，包括我自己也没有做出来，你真是一个难得的天才。”

他就是德国著名的数学家、物理学家、天文学家、大地测量学家约翰·卡尔·弗里德里希·高斯。多年后，当高斯忆及这段往事时，仍感慨万千地说，如果当初导师告诉他，这是一道两千多年悬而未解的数学题，我恐怕用十年的时间也未必做得出来。

与高斯有着相同遭遇的还有著名的短跑名将班尼斯特。长期以来，体育界一直认为，人类不可能打破四分钟跑完一英里（约1609米）的极限。史上最好的成绩是4分1秒4，它由瑞典选手根德尔·哈格创造的，此后再也没有一个人能够接近这个数字。

对此，许多田径教练和心理学家进行了无数次科学研究，他们认为要想突破这个“梦幻一英里”，除非达到一种理想的状态，即：气温在华氏68度左右，没有风，地面坚硬干燥，周围还要有很多热情的观众鼓舞士气。

但就读于牛津大学医学院的班尼斯特偏偏不信这个邪，他暗暗发誓，一定要成为第一个突破四分钟极限的人。随后，他利用在医学院学到的知识，制定了一套独特的训练方案，并刻意远离那些控制着这项运动的教练和经纪人。

1954年5月6日，这是一个见证奇迹的时刻，但老天爷似乎并不眷顾班尼斯特，那天的天气很不好，不仅下了一场阵雨，还刮着每小时15英里的逆风，现场的观众也寥寥无几。然而，就是在这样一种不理想的状态下，班尼斯特却以3分59秒4的成绩跑完了一英里，实现了人们一直渴望突破的纪录。更让人不可思议的是，在班尼斯特打破纪录后的两年里，竟然有将近400人先后打破了这个神话。

原来，相信奇迹，才会创造奇迹，信心有时比金子更重要。

这绝不是好高骛远

第一次去台湾是在几年前，那时住的酒店下面有一家卖炸鸡排的小摊位，令我印象深刻。

老板是个满脸络腮胡子的大汉，开口却是标准的台式软糯腔。主动跟我聊天，最常说的一句话是："我的店一定要成为全台湾最好吃的鸡排店。"起初我并没在意，可后来经常看到他拿着本子在写写画画，说是最近新调配的鸡排腌制秘方。还听到他对店里的员工训话，大意是最近的九层塔不够新鲜，鸡肉还可以拍打得更松软之类。我说："至少这附近的摊位我都吃过，觉得你家是最好吃的。每天生意也不错，应该知足了。"他表示感谢，但言辞凿凿："我不会知足的，我就是要做出全台湾最好吃的鸡排。"

过了几年，我再去台湾，恰好又住那家酒店。刚进街口就震惊了，有一条长长的人龙从街里排出来。路人告诉我，这里有家鸡排店特别好吃，每天如果不来排几小时队都吃不上。我走到最前面，果然是那家小摊位，居然已经盖起了一家不小的店面，干净整洁，鸡排的香气半条街都闻得见。我恭喜老板生意越做越好了，他呵呵地笑："还不够，现在只是这个区最好的鸡排店，离最终的目标还很远。”他的语气一如几年前的斩钉截铁。我买了一大包鸡排，然后由衷地祝福他。无论他最后会不会做成全台湾最好吃的鸡排店，我相信他永远会是一个成功的生意人。

去一家街头篮球社团做采访，有个球员很矮，但长相很萌，个性可爱，记者们都很喜欢他。他跑来跟我聊天，忽然问我：“姐姐，你说我还能再长高吗？”我认真观察他的模样，瘦瘦小小的。对一个篮球运动员来说，不到一米七的身高实在有点太矮了，而且他不再是少年，已经很难再发育。我不忍心打击他，拐弯抹角地劝说：“身高并不重要，你这么聪明，将来无论做什么事情都会很成功的。”他摇头说：“我一定会长高的，将来我要进入NBA，成为中国的乔丹。”

有缘的是，去年我们在一场篮球比赛中再度重逢，他居然还记得我，开心地跑过来。站在我面前的他并没有长高，但却不再瘦弱，皮肤黑了也更健康了，浑身散发着阳光与朝气。他跟我报喜：“姐姐，我入选了市队，家里人都特别开心！”我忙道恭喜，顺口逗他：“还是想进入NBA？”他点头：“对，中国的乔丹。”

我知道，无论任何一个成熟的人以理性思维分析，面前的青年都不会再长高，也很难进入NBA，成为乔丹更是遥不可及。但那一刻我完全不想否定他，并且清晰地知道他注定拥有灿烂的未来。

这绝不是好高骛远，而是一种奇妙的信念笃定。

4

真正的成熟，从不抱怨开始

抱怨只能让你失去，
只能让你令别人反感，
抱怨让自己更暴躁，
真正的成熟，从不抱怨开始。

真正的成熟，从不抱怨开始

遇见他，是在朋友的一个饭局上，那天是朋友的生日，来了很多人。我到的时间已经有很多人在那里了，我到那里之后简单地做了一个自我介绍互换了一下卡片，然后静静入座，听别人在讲些什么话题。

这个时间又来了一个人，看样子有30多岁，衣着打扮应该是属于公司高管。他一入座，就开始他的话题，根本不在乎别人认不认识他，他说他们公司不好，拼死拼活一个月，拿到手里的工资没有多少，说公司不公平，谁谁谁擅长拍马屁，他的项目就多，说同事不和善，成天的钩心斗角，明争暗抢……

我听得头都大了，在他停顿的空隙，我问他，既然工作不顺心，那你为什么不跳槽，这个时间他愣在那里了，良久他奇怪地看着我，似乎在看一个外星人，然后他说现在失业率这么高，找份好点的工作容易吗？再说，往那里跳？我笑了笑，没有理会他的问题。是啊，这个时间我才明白，原来他的工作并不像他说的那样一无是处。

一直到散席的时间，我没有再跟他说一句话。散席后，他过来对我热情地介绍了他自己，并拿了卡片给我交换。我对他说，真不好意思，卡片刚才用完了。当我拿到他的卡片，看到的是深圳一家不错的公司，而他，是那个公司的项目经理。我很礼貌地给他道别，当离开那里后，我随手把卡片丢进了垃圾桶。对我来说，我不喜欢一个整天抱怨的家伙，不管你是谁，什么地位，我不喜欢，那么我们就没有交往的余地。

在回来的路上，我仔细想想他工作有不尽人意的地方，但是在这样的社会里，又有谁的工作是十全十美。一帆风顺，没有！我是这样认为，要拿高薪，就要有对应的付出。

抱怨真的可以让你的郁闷随风而去，可以让你的心境变得开朗明亮起来吗？我想是不能。抱怨只能让你失去，只能让你令别人反感；抱怨，只能令自己更加暴躁，更加自卑。

人生就是一段旅程，是一段从青涩走向成熟的旅程，而我相信，真正的成熟，是从你不抱怨开始的。

被积极的光芒笼罩

到现在基本上已经可以肯定，我之所以没法和Miriarn成为好朋友，就是因为她太积极向上了。

Miriarn，一个德国女生，身材高挑，举止优雅。长相嘛，这么说吧，大家说起她的时候，都不叫名字，直接说“我们系那个德国美女”。

她比我低一级。2003年夏天，参加我们系的“过关考试”，听说我前一年考了优，就跑来找我“取经”，我们就这么认识了。那个时候，我到美国之后的新鲜劲还没有完全过去，对于交朋友，还有一种收藏癖，就是各个国家的朋友，都想收藏一枚，看着坐在对面笑眯眯的美女，又在脑子里走了一遍我的朋友地图，于是决定，要在我的地图上插上她这面美丽的德国小旗。

那个周末正好请朋友吃饭，就把她叫上了。

过了一段时间，她去听歌剧，也叫上了我。

然后我又叫了她喝过一次咖啡。

然后她又叫了我去她家开一个party。

多好的开端啊，接下来，本来应该是一个德国女孩和一个中国女孩，在纽约这个世界都市，谱写一曲世界人民心连心的新篇章。可是，全不是这么回事。我们俩好不容易把中德友谊加温到30度以后，温度就再也上不去了。扔再多的柴好像也不管用了，就是眼泪给火熏出来，也不管用了。

究其原因，就是她这个人太积极，而我太消极。如果说到我们系某个教授，我刚想说他的坏话，她就说：啊，他太棒了……说到某个学术会议，我刚想说太无聊了，她就说：那个会让我真是受益匪浅……说到写论文，我刚想哭诉，她却说：我真的特别享受写论文……

而我觉得，检验友谊的唯一标准，就是两个人是否能凑在一起说别人坏话。

跟她在一起，我越来越惭愧。生活对于她，光明、灿烂，好比一件量身定做的小旗袍，穿得每一处都服服帖帖；穿在我身上，却是要胸没胸，要屁股没屁股，真是糟蹋了好布料。

于是，我不太跟她玩了。

昨天，我在系里碰见她。她刚从印尼做调查回来，照例是满面春风。

我问："你调查做得怎么样啊？"

"很好！"她说。

"去那样一个人生地不熟的国家，会不会孤单啊？"

“不会，怎么会呢？”

“这个学期忙吗？”

“嗯，我有两个会，三个论文，一个助教的职位……”在她振奋的声音里，我又看见自己变成一只小虫子，怀着自己那点焦虑，就像揣着万贯家产，贴着墙角，灰溜溜地往自己虚构的、安全的阴影里爬。

懒惰是一种病

1

一位保健专家曾对我说起，人们在自我保健过程中存在很多误区：

渴了才会喝水。渴是体内缺水的信号，如等到渴了再补水为时过晚，不但身体会发生故障，甚至会引起疾病。

饿了才会吃饭。等到饿了再吃饭，极易伤胃，也会削弱人的抗病力。

困了才睡觉。困倦是大脑相当疲劳的表现，养成按时就寝的好习惯，不仅可以保护大脑，而且还容易入睡，减少失眠的发生。

老了才锻炼。近年来，糖尿病、高血压、高血脂、冠心病和骨质增生等老年病已呈年轻化趋势，年轻人患脂肪肝的数量更是惊人，这些都与他们平时不加强锻炼有关。

其实，人生也同样存在误区，比如，逆境时才想到努力，挫折时才想到奋起，失败时才想到补救……这些，都属于人生的误区。人生为什么不可以趁着顺境时干事创业呢？这样不是更能起到事半功倍的效果吗？

2

一位医生告诉我，人不是有病的时候才病的，人在健康的时候，就已经开始病了，那病菌一直潜伏在我们的身体里，与我们健康的肌体进行着无休无止的斗争，只是我们健康的肌体暂时把它们压制了。其实，人从一出生，那些病菌就与健康的肌体同生共存。

同样，人不是失败的时候才失败的，不是在忧伤的时候才忧伤的，不是在恨的时候才恨的，在我们成功、快乐和爱着的时候，那失败、忧伤和恨就已经潜伏着、存在着。

所以，当我们在成功、快乐和爱着的时候，如果疏于防范，麻痹大意，那成功就有可能转化为失败，快乐就有可能转化为忧伤，爱就有可能转化为恨。

人不是有病的时候才病的，所以，人在没病的时候、在健康的时候，就要对病有防范之心。

3

有人说，懒惰是一种病。最近读报，见一则消息称，懒惰果真能让人生病。据医学家研究，凡是懒惰的人，那些懒得干活、懒得运动的人，患感冒的概率比活动量大的人要高出两三倍。

懒惰的人，活动少的人，之所以容易患感冒、生病，是因为懒得运动而缺少户外活动，致使缺少阳光的照射，呼吸不到新鲜的空气，因而导致体内血液运行不畅，机体的免疫力随之降低，所以很容易感冒、生病。

懒惰是一种病，它让我们生病的，不只是我们的血肉和肌体，还有我们的精神和灵魂。

你被什么拖住了脚步

就是突然有一天，你走着走着才发现，人生往后的十字路口，竟然都没有红绿灯。

1

从小到大，我们都有非常明确的标准，我们总是想要最好的老师，去最好的学校，为此买最贵的学区房，然后要上最好的大学，清华北大还不够，还得去哈佛、斯坦福。我们一路狂奔，一路向前，从来都没有怀疑过。

因为，我们知道明确的方向，我们被告知什么是最好的，这一路上我们只需要努力，有红绿灯给我们指点着方向。然而，我们太过于依赖标准，我们习惯于，但凡有十字路口的地方，都会有红绿灯，告诉我们该往哪里走。可是我们不可避免地长大了，我们毕业了，我们淹没在北京地铁巨大的人流中，变成毫无表情、匆匆赶路、大家都一模一样的纸片人。

我们的生活也像北京错综复杂的地铁线路一样，开始有了很多个方向，很多个出口，很多个交叉口。

考研，出国，还是工作？

公务员，央企，又或者是外企，民企？

看上去我们拥有了比上学那会儿更多的选择、更多的机会，可是我们却前所未有地感到惶恐和不安，就像站在地铁线路图的指示牌前，看着红红绿绿的线路，却不知道该去哪一站？

2

有一个朋友在后台详细给我描述了他如今的现状。在家乡的一家央企工作，税前收入一年十万，公积金交的很多，但是一心想要走出家乡所在的省份。

他苦恼于现在的生活稳定，收入不少，觉得如果走出去，收入可能没这么高，工作会很累，公积金交的也少。所以该如何选择？

我们为什么会害怕选择自己想要的生活？

我们究竟被什么拖住了脚步呢？

你可以说是家庭，可以说是收入，可以说要买房，可以说上有老下有小。这些都是真真实实存在的现状。

但，这是我们每一个人都要面对的现状，无人例外。

我们总是看到一些别人的表象，以为那些闪闪发光的人之所以耀眼，是因为他们没有生活的负担，没有家庭的压力，他们每一步都是轻装上阵，不用计算着公积金。

我想到了一个我还在广院上学时候就听说的，一个媒体驻外圈的段子。

千万别指望驻外能挣钱，就你挣的那些钱，还不够房价涨的。

所有人都面临着生活的压力，我们都是负重前行。

那么为什么永远有人就勇敢选择自己想要的生活，为什么有人站在没有红绿灯的十字路口，不茫然，不患得患失，能果断选择转弯还是前进呢？

3

W先生毕业后在迪拜从事海外工程建设，高高大大的男生，懂建筑，懂工程，外语好，适应能力极强。彼时，他还是单身，更是全身心投入工作。

后来很多年，他都在迪拜，一步步从一个最底层的工程师兼翻译兼司机，时不时还得兼任分公司的厨师，做到了分公司副总。

大家总是觉得他运气好，那么年轻，到了一个浓郁中东色彩的国家，包着头巾，像极了一个阿拉伯男子。

在如此神秘的国度里，做着本专业对口的工作，挣了钱，看了世界，活脱脱一个年轻的迪拜土豪。

年轻，事业，前途被他牢牢握在手里。

大家说，换我是他，当然也这么选啊，彼时那么年少，去迪拜，这样稳赢的选择，谁不会选。

但是后来，他结婚了，找了一个上海女子，故事不像我们想象的那样，他负责赚钱养家，她负责貌美如花。

W先生辞去了工作，去了上海。由于毕业后就在海外，国内并没有人脉积累，所从事的工程建设，海外和国内也有非常大的差异，长达半年的时间，曾经在迪拜呼风唤雨的他硬是没有找到工作。半年后，勉强去了一个特别小的公司。

所有人都不理解这样的选择。在迪拜，以他的职位和薪水，养一家几口人都毫无问题，而回到上海，他们住着不大的房子，为生存奔波着，根本也谈不上理想。

4

W先生上得了台面，给省部级领导人做得了翻译，也下得了工地，带上安全帽，和工地工人一起搬砖，你根本就认不出他。他是这样一个男子。

在小公司，他一切从头开始，和以前一样的精神状态，丝毫没有被差了好几个级别的生活现状所影响，积极又乐观地拿着之前几分之一的薪水，干着之前好几倍工作量的活。

一次展会上，他被行业内的一家大型外企看重，他的海外工作经验，加上在小公司各个工种都干过和从头来过的勇气，当然还有过硬的专业素质，打动了大boss，直接挖走，担任国际工程总监。

我把这个故事，告诉了很多人。他们都说，是W先生运气好，才能在他任性地选择回国生活后，经历过低迷，但又神奇地华丽转身。

我都笑笑，没有说话。

我不想说，这是他一直以来的努力或者坚持，这样的鸡汤，但我没有找到一个特别合适的表达。

5

直到有一天，Aline的一句话，让我找到了答案，它完美诠释了我们所害怕的选择。

我们害怕二选一，我们害怕选错了一辈子就毁了，我们害怕选了一条路，就再也没有机会重头再来了。

所以，我们不敢放弃现在拥有的，害怕选择我们想要的生活。

前几个月，我邀请Aline来我的公众号，建了一个分享群，和小人儿们分享她是如何从一个跟随老公去海外的全职主妇，转型为一个机器人创业公司的国际销售总监。有一个小人儿问她，她如何看待选择。

她说，决定你过什么样生活，从来都不是你哪一次的选择，而是你一直以来的状态。

她说完以后，我脑子里就出现了W先生，还出现了我身边很多闪闪发光的女友们。

从来都不是哪一次的选择改变了他们的生活轨迹，而是他们一直以来饱满的精神、昂扬的斗志、永远积极乐观面对人生悲喜的状态，决定了他们无论怎么选，都不会太差。

6

其实，往后的人生，已经不再需要红绿灯。那些永远积极、永远乐观、勇往直前的人儿，无论是直走还是转弯，都会看到精彩的风景。

而那些患得患失、犹豫不前，永远想要像田忌赛马那样，找到一个支点，找到一条捷径，想要去赌一个美好未来的人儿，必然是更加负重前进。

一旦遇到一点困难和不顺利，就会埋怨自己主动或者被动的选择，认为是选择的错误。

任何选择都是人在选，与其让自己在往后的十字路口患得患失，倒不如早早囤积实力，让自己信心饱满，乐观向上，目光如炬。

然后，无论你怎么选，都会是最好的选择。

生活艰难，你需要做好两件事

或许我们每个人都曾有过，为不喜欢的事而含辛茹苦，为不靠谱的人而强颜欢笑。这样的经历，说得好听点是磨炼意志，其实说白了就是自我折磨。一生很短，何必自苦？做好这两件事就够了：做自己爱做的事，交往靠谱的人。生活不说繁花似锦，倒也能过得舒心。

1

做爱做的事，是为自己而活，遵从内心选择。

现实生活中，我们似乎很少真正去想过，什么才是自己最喜欢做的事，自己内心真正希望过怎样的生活。又或者，你本就知道答案，但面对冰冷的现实、生存的压力，奔波忙碌了大半生，却来不及细听自己内心的声音。

我认识一位“90后”的女孩小周，工作五年省吃俭用，前阵子终于攒够钱在北京买了套二手房。和她一起毕业的同学，有的还蜗居在五环外、跟合租对象挤一屋，有的干脆回老家发展。但唯独她，五年来不买衣服不看电影，不谈恋爱不社交，每餐不超过十块钱，买最划算的减价果蔬，住最便宜的唐家岭，能走路绝不打车……

这位“省钱女王”终于有了自己的小窝，乐坏了家里人，可她自己却突然崩溃了。突然没了“买房”这个目标，每天都觉得无所适从。从前上大学的时候，她也曾是个文艺女青年，喜欢逛街，爱吃美食，买书种花摄影学乐器都是她的日常。可这几年拼命工作，让她整个人把神经绷得紧紧的，每天处在焦虑失眠中，从前那股气质荡然无存。加上从不保养自己，看上去比同龄的女孩憔悴了好几岁。她渴望一份爱情，却发现自己都难以爱上这样的自己。

有时候，我们辛辛苦苦去追求一样东西，为了它放弃喜欢的事，做不喜欢的事。却告诉自己，先苦后甜，本该如此。但我们仿佛忘却了一个重要问题，那就是，这个东西是你真正想要，还是大家都想要的？说到底，它是本心的选择，还是人云亦云？为了它放弃所喜究竟值不值得？

其实，如果做爱做的事，那就值得，如果活在他人的期望中，那就不值得。我们总是习惯于讨好别人，却经常忘记取悦自己。把自己套入让所有人都满意的桎梏中，却忘了这是自己的人生，与别人无关。

前几天看到一个小故事。一位诗人，他写的诗无人欣赏，于是向禅师诉说苦恼。禅师指着窗外一株植物说：“你看，那是什么花？”诗人说：“夜来香。”禅师说：“对，这夜来香只在夜晚开放，所以大家才叫它夜来香。那你知道，夜来香为什么不在白天开花呢？”诗人摇了摇头。

禅师笑道：“白天开放的花，都是为了引人注目，得到他人赞赏。夜晚开花，并无人注意，它开花只为取悦自己！无人欣赏，依然开放自己，芳香自己，它只是为了让自己快乐。一个人，难道还不如一株植物？”

许多人，总是把自己的人生道路交给别人来选择。他们一生的种种努力，都是在给别人看，为了博得周遭人的赞许与微笑，抛弃自己爱做的事，蒙住了聆听本心的双耳。走到一半才发现，自己的本来面目早已血肉模糊、难以描画，只剩下一颗不再跳动的心，和一条难以回头的路。

选择遵从内心去生活，当然要付出代价。内心的冷暖欢忧、挣扎痛苦独自品尝。但也好过接踵摩肩、随波逐流、迷失自我，从不清楚自己爱做什么。还有一种人，明知自己所想，却无法抵抗诱惑，外面的世界很精彩，房子车子、名利地位……各种外界因素将身心缚住，把自己变成它们的奴隶，而非生活的主人。

事实上，当你终能够做自己喜欢的事时，会发现，一切代价都值得。李银河说，一个人要过自己喜欢的生活，就必须知道自己爱做的事是什么。这些不仅需要付出与毅力，还要有颠覆既定生活模式的勇气、平衡自我人生的信心与智慧，将喜欢作为生活方式的幸运。

2

交靠谱的人，是高质量社交，圈子决定人生。

都说人生得一二知己足矣，意味着朋友贵在精而不在多。一生太短，生活太忙，与其浪费大量时间在不靠谱的人身上，不如一开始就和靠谱的人交往，省时又省力。

如今，聪明的人越来越多，靠谱的人却越来越少。我曾经就遇到过这样的人，约好了谈事情，可却一推再推。今天因为下雨，明天因为有事，后天又说不舒服……那照这样说，春困秋乏，夏炎冬寒，我们的事就别再谈了，绝交其实也挺好的。

跟不靠谱的人相交，拖延工作效率，降低社交质量。办公室里刚走了一位同事，人称“不靠谱先生”。记得他刚来的时候，给同事们倒水带零食，领导还夸他有眼力见。可日子久了，发现这人不牢靠。交给他办的工作，无论自己能不能胜任，都先揽下来，交上去的结果却漏洞百出。本以为他靠谱才放心交给他，没想到他表面上胸有成竹，其实外强中干，又不肯虚心求教，怕别人抢了他的功劳。差点酿成大祸后，领导果断把他辞退了。

俗话说，人伴贤良品质高。你和什么样的人在一起，你就会变成什么样的人。所以为了提高我们的社交质量，何不主动与靠谱者为伍？当你的朋友圈子里不再有那些不靠谱的人，你的人生也会焕发生机。

我的一位老同学，从前和大部分人一样，总爱说：“我们下次再约！”“下次一定请你吃饭！”

因为关系亲近，我常常笑他：“下次是哪次？”可后来的一件事，让他再也不说这样的话，虽然对于大多数中国人来说，“请你吃饭”已经成了无伤大雅的客套话。

那年，他和一群网友约了线下读书会，可那天因突降暴雪，堵车严重，看群里大部分人都说来不了，他几乎默认为这场活动取消了。还好地点离他家最近，于是他步行到了那家咖啡厅，想碰碰运气，却见到唯一且准时到达的人，也是他现在的挚友A君。攀谈一番才知，A君早就猜测会堵车，于是提早一小时起床，查好换乘坐地铁过来的。

他十分感动，一直聊到傍晚，分别时说：“下次一定请你吃饭，我们再继续聊！”过了一周，忙于工作的他早把A君忘得一干二净，可A君却在第二个周末邀他去家里做客。“一直等你的邀约呢，既然你不主动，那我就约你啦！”

到了A君的家，认识了A君的一帮好友，大家聊得十分尽兴，他才发现大家都是一群性格相近的人。而A君的家也布置得简约古朴、干净整洁，就像他的为人一样，踏实靠谱、细心周到。

此后他常出入A君组织的活动，受那帮朋友的影响，从前略显浮躁的他慢慢变得稳重；他的认真靠谱也赢得了单位领导的赞赏，今年不但升职了，和女友的婚事也提上了日程，因为对方说他从前虽然浪漫，但总感觉缺了点什么，现在放心了。

物以类聚，人以群分。与靠谱者为伍，拒绝社交的恶性循环，提升人生质量。意想不到的惊喜，或许就在不远处等着你。

失意和得意，就是人生的主旋律

我们这代人压力太大，竞争激烈、时间紧迫，因此虽然不奢望一帆风顺，但总希望人生的路是笔直一道，哪怕中间遇到什么困难和挫折，但始终是在前进——不走弯路、不停留原地、不浪费时间。只是可惜哪怕生活是电影，我们也没有大牌到自编剧情，于是意外总是会不断出现。其中最让人难受的，往往并不是失败和挫折，而是无能为力的煎熬。

所谓失意，就是这种感觉。不是一场巨大挑战后的失败，而是根本没有挑战的机会——无论现状在别人眼里看来是好还是坏，在自己看来都是没有希望的牢笼。

我曾经有过这样的经历。当时还是一个普通的基层销售经理的我，莫名其妙地牵涉到集团的内部斗争，而被派遣到一个总人口刚过百万的北方工业城市负责当地市场。由于当地消费水平较低，因此我的物质生活倒不见得有多清贫，但是精神上非常苦闷。

首先，我原来工作的分公司有非常好的信息交流机制，通过这种交流能学到很多新的战术和思想，同时通过实验验证和分享自己的创意，总之这种交流能让人快速地成长，并且有利于形成思维体系。可是在现在所在的地方，不仅与同行其他公司交流成为一种禁忌，而且内部同僚之间也讳莫如深，极少交流。在这样的地方待上一段时间以后，我感觉自己成为瞎子和聋子。

其次，与信息闭塞随之而来的，就是员工心态的僵化。这种僵化一方面表现为安于现状、不思进取，无论是对业绩还是对收入都没有任何不满，对未来也没有更多的追求和期待；另一方面自然而然地表现出抱残守缺——既然对现状没有什么不满，自然也拒绝接受工作方式上的任何改变。

可是，作为新上任的销售经理，尤其是作为还想有更多作为的年轻人，我毫无疑问是希望能通过一些改革来获得比前任更好的成绩。奉行个人努力可以逆转不利环境这种逻辑的我，在当时的环境下尝试做出各种努力，包括灌输新的愿景和价值观、建立新的奖惩制度以形成对行为的激励、设立试点部门以结果来带动其他人、招聘新员工组建新部门用鲶鱼效应来刺激老员工等。这些方法并非毫无成效，我所辖市场的业绩也是逐步攀升；但是，无力感仍然挥之不去——我最终发现我不可能从根本上改变整个公司，只要我的推动力稍微减退，公司马上恢复到原状。更可怕的是，我自己从这个过程中得不到任何能力上的进步，我感觉我的前进之路在这一站停滞了。

我终于承认，人有无能为力的时候。我所能做的，就是像西西弗斯一样每天重复着不能不做却徒劳无功的工作。这样浪费生命对我这样心性的人来说是一种巨大的折磨，可是我无法逃脱。后来我回头想想，自己当时的状态近乎抑郁症——幸好我当时不知道这个名词，否则很有可能陷入自我暗示的恶性循环。

有趣的是，经过几个月这种煎熬以后，我开始产生一种想法：无所事事本身也是一种成长。既然在工作上我做不了更多，那么我尽我所能做到极限就好。于是我把更多的时间用在自己身上——白天出门工作，晚上回到自己的住处读书，睡前出门溜达一个多小时，抽烟、思考。那半年我读书的量不大，但读书的认真程度是前所未有的；同时，关于自己的现状和未来，关于自己的心性，关于行业和职业的发展，我进行了一轮又一轮苦闷无解的思考。

这种经历的价值在当时是体现不出来的，可是在沉寂了一年后我重新获得一个释放才华的机会的时候，我惊喜地发现自己虽然在具体工作的技能上跟以前并没有太大进益，但是性格却成熟了不少，在处理问题的全面性、柔和度上都有了不少的改变，也更能体会工作中处于不同角色的人的不同立场和想法。可以说招数还是那些招数，但是内力已经大涨。

沉寂一年的另外一个作用是，重新获得舞台的我不再把机会当作自己才华和努力必然的结果，而是把它当作上天的恩赐而格外珍惜。我把每一项工作的细节都做到臻于完美，对每一个同事或客户的困难都尽力帮助，对任何一个承担责任的机会都格外珍惜，因为我知道它们未必会再来。一年积累后的尽情释放让我大放异彩，我就像一个闭关后刚出山的江湖新秀一样吸引了很多的眼球，一下子从一个寂寂无闻的小角色成为行业内年青一代中略有名气的人。

之后，我又经历了一些起起落落，但这时我已经明白了起落之间的真意。人生的发展永远不可能是匀速或者一直加速，而是走走停停，偶有走弯路和掉头的时候。所谓“自知之明”的重要一点，就在于清醒地判断自己现阶段所处的状态，也就是自己在多大程度上对周遭的环境和事情的结果具有掌控力。很多时候我们并不能真正意义上地改变什么，这个时候强迫自己逆势而为，不仅徒劳无功，让自己更挫败，还可能让自己的生存环境更恶劣；而当我们有能力去影响事情的结果的时候，如果无所作为，则是对自己生命和才华的最大浪费。

在失意时苦练内功，不仅仅是因为此时对其他事无能为力，更是因为这是难得的静心学习的机会。我们有很多重要而不紧急的事情，因为忙于事务性工作一直没有时间去做，遇上难得的闲时，正好补上这缺失的一课。我看很多成功者在失意时（被贬、入狱等），都不约而同地做了两件事：读书、跑步。因为这两件事都具备以下特点：第一，很重要；第二，得势时没时间做；第三，当下能自由地做而且是唯一能做的。

在得意时努力绽放，也不仅仅是为了补回失意时落下的时光，更是因为这是难得的机会。台上一分钟，台下十年功，人生的舞台亦是如此。再好的功夫，都未必有展现的机会，因此有了机会就一定要做得精彩，不留瑕疵，在有限的机会中尽可能多走一步。此外，得意时的绽放给人留下的印象，很可能是把自己拉出下一次失意的力量。

有一位做投资的朋友告诉我，成功的专业投资者并非总是准确预测市场变化的人，他们也常犯错误。所不同的是，这些人能够在自己正确的时候最大化地取得战果，而在自己错误的时候尽可能地避免损失。无论这个说法是否真实，我觉得都可以适用于人生的其他方面。

偷走时间，就是偷走生命

李小龙尚未在电影圈成名时，在好莱坞教授武术。有一天教完武术，他和他的弟子，有名的剧作家史托宁·施利芳在一起喝茶聊天，谈到了“花费时间”和“浪费时间”的不同。

“花费时间是把时间花在某一个方式上。”李小龙首先开口，“在练功夫时，我们是花费时间；现在谈天，也是花费时间。浪费时间则是糊里糊涂或漫不经心地把时间耗掉。我们有时把时间花费掉，有时把时间浪费掉，至于花费或浪费，就要靠我们自己的选择了。无论如何，时间一过去，就永远不会回来了。”

“时间是我们最宝贵的商品。”史托宁同意，“我总是把时间分成无数的瞬间、交易或接触。任何人偷了我的时间，就等于偷了我的生命，因为他们正在取走我的存在。当我岁数变大时，我知道时间是我唯一剩下的东西。因此，有人拿着什么计划找我时，我就会估计该项计划将花掉我多少时间，然后问我自己：‘因为这个计划，我愿意从我所剩下的少数时间内，支取几个星期或几个月吗？它值得我花这么多时间吗？还是我只是在浪费时间呢？’如果我认为这计划值得我花时间，我就会去做。”

“我把同一尺度用在社会关系上。我不容许别人偷走我的时间，我不再广结天下豪杰，我只结交那些能够使我的时间过得愉快的朋友。在我的生命中我空出若干必要的时刻，什么事也不做，但那是我的选择。我自己选择如何花费时间，而不盲从社会习俗。”

史托宁说完后，李小龙望着天空，一会儿才问，是否可以出去打个电话。

当李小龙回来时，他微笑着说：“我刚才取消了一项约会，因为对方只是要浪费我的时间，而不是帮助我花费时间。”然后他很诚恳地对史托宁说：“今天你是我的老师。我首次知道我一直在跟某些人浪费时间，从前我从没想过他们是在取走我的存在。”

我一直很喜欢李小龙的这个故事，想到李小龙之所以只以很短的时间、少数几部电影就令人念念不忘，是因为除了他的电影和无数荣誉外，他有一种敏于深思的气质。

现在的隐忍，是为了将来的改变

众人皆知，我和我老大素来“不和”。这种不和更多不是关系上的，而是思想上的。当初刚进公司的时候我就发现，我与他对运营的理解就有偏差，理念也不一致。

我思想更激进，更前卫；他则有些保守，不太敢突破。

因为我接触新媒体比较早，喜欢玩病毒营销，想靠用户主动分享去传播，然后再从大量用户中培养相关受众；他则更倾向于一开始就从目标受众做起，一点一点慢慢积累，一点一点稳步扩大。

当然我能理解他，因为传统的教育行业转型很慢，并没有用互联网的思维去思考问题，他稳扎稳打一步步走来，做得也很不错；很多时候他可以用经历来压人，我却无话可说。

而在他眼里，我可能也是冒失的，癫狂的，这我也清楚。

于是，我俩在会议室里吵架是常有的事。因为意见相左，或者态度不对，爆粗口也时常发生。

比如我说：产品就这屎样子，不投那么多钱，要那么多量，还想怎么推？

他回：一点一点推。

我驳：大哥，咱们是有KPI的。

他反击：靠，产品就是屎，好的运营也能卖出去！

我讥讽：行，您说的对。可就算是屎，咱怎么也得包装一下吧，玩个概念，换个口味吧？

他坚持：再怎么换，产品的本质也不能变！营销的口味不能太浓！

我无奈：我就不信了，还真有爱吃屎的人！

……

我很少用感叹号，但我们对话的语气，除了这个标点我想不出其他的。每次我们基本总是在同一个观点上争执，来来回回就那几句话。

争执时常是好事，说明彼此重视。可时间久了，的确心烦意乱，没有心情做事。时间久了，我自然表现得有些消极。

不久，就被老大发现，于是又被拉出来单练。

“最近怎么不跟我吵了？”他瞄了我一眼，用试探性的口吻随意地问我。

“跟你吵有什么用？吵了也不被重视。”我顺着话茬，想要借气发气。

“没用就不吵了么，你的价值呢？”他反问。

“如果是你呢？你的意见不被采纳，你怎么做？”他反问，我也反问。

“我会继续坚持。因为我必须在团队里体现价值。”他这么说，其实我早有预见，促进员工积极向上嘛，谁不会？我心里暗自不服。

“别以为我看不出来你的反感。我又不是没在你这职位上呆过。”还没等我的逆反心理酝酿彻底，他则当头一棒：“我跟你一样，上头也有人盯着，我的绩效跟你差不多。我的策略其实常常也是上头的策略，我有时也想尝试一下你的想法，但常常上头决策说不冒这个风险，那我有什么办法？”

他看了看我，突然语气又平和下来：“你以为咱这个钱是这么轻松挣的么？我们都不是决策者，所以实话告诉你，你挣的这些钱里，公司买的不单单是你的能力，还有你的忍气吞声。”

我憋了一肚子的火想要发泄，心想你要再跟我吵，我直接不干了。没想到老大直截了当的两句话，让我立马熄火，无力反驳。

嗯，嗯，我频频点头。我知道有些话是在安抚民心，不能全信；但他的这些，的确是亲身感悟，戳人肺腑。

原来我们都是一枚棋子，不是那下棋的人，更不是观棋的人。

许多道理我们可能平时也懂，但这种“懂”只停留在认知的层面，尚未通透。

这两天我不断思考这句话，越想越觉得他这句话说得太对。我以往自信满满，觉得公司选我，无非是看重个人能力，想要通过我的能力为他们获利。所以我才敢吵架，敢任性：是啊，我牛你能把我怎么样呢？

可单凭我一人，真的有力挽狂澜的本领么？

没有，除非你是决策者。

那么企业找你来做什么？

做事，而且按照企业想要的方式去做事。

Bingo！企业是靠流水作业生存的，越大的企业越是，每个人更像是一枚小小螺丝钉，所以在他们看来，只要你保证运转正常，不怠工，不生锈，也就够了。

而能力嘛，呵呵，匹配即可。溢出来的部分，更多是为你自身增姿添色，体现你的个人价值，对于公司的整体运转，波动不大。

我曾待过的某家公司，整个营销团队内乱，30多人的团队基本上只剩三五人做事。

当初商量好一起跳槽的人，都以为集体的负能量至少可以撼动集团。可到头来呢，不出一个礼拜，公司又引进一个新的团队，虽然整个月的业绩受到了影响，但整个季度的利润却丝毫没变。

后面才知道，早在这次“内乱”之前，人力就已经准备“换血”了。

当然我不是说能力不行，只是你个人的能力，的确有太多的局限性。最常见的情况，是我们太容易高估能力，而忽略其他。这种过于自我的优越感一旦形成，便容易偏激，容易傲慢，最终误了自己的前程。

能力是基础，但相比于能力，很多公司更看重的是员工的执行力。这一点，小公司不明显，越大的公司越是看重。

而说到执行，这里面必然夹杂了太多的不情愿。包括工作量爆表，包括任务分配不均，包括生活、情感因素，包括老板的做事方式与态度，也包括上文所提到的，你的意见与上级领导的相左。

等等这些，你所承受的苦与累、劳与怨、仇与恨，都应该算你工资的一部分。这部分薪水，就是要你去克服你的负面情绪，往白了说，就是花钱买你心情。

这很现实。

上周我去见某出版公司的编辑，她也做了一些知名的畅销书，但让她头疼的却是，她目前所在的出版公司，只对重量级的作者费心思宣传，却不会给未成名的作者太多资源，包括广告包括营销，有些书即便加印了，也不可能因此获得更大力度的推广。

在她看来，这种对于新人的不器重，便是她一直不能接受的事实，她一直认为，大红大紫的作者的书卖得好，并不能证明她自身的实力，而把一个新作者做成红人，才算本事。

可如果你是决策者，那些知名作者或许会给公司，都带来足够的收益，无论品牌还是利润。

两者矛盾明显，各有苦衷。

但就目前的状况而言，她并不会走，原因很简单，接连跳槽于她发展不利。

那么这份工资里，除了她的能力以外，一定还有许多的隐忍和不情愿。

是啊，我们可以有骨气，但不必故意跟钱过不去。

好了，与你们说道一番，劝解的同时，也是希望自己可以变得忍耐一些，理解一些。至少我现在的能力，还没有到达说走就走、走后无悔的地步。

我脑后一块反骨，生性不受约束，唯有寄托给岁月和见识，一点点去磨砺去安抚。

其实教人妥协的我，是一个极其偏执、任性的顽童。

因为任性，我吃过太多的亏，我深知倔强害人之深，所以才不想让你们如我一般，不着待见。

老总监一句话至今记得：你这种人，生来骄傲，是别人眼中的刺；但你也有你的路，只不过一定要比别人更拼更卖命才行。

如今的隐忍，是为了将来游刃有余的改变。一个人只有努力成为更好的人，才有资格任性，才有理由放肆，才有资本去选择追求自己想要的一切。

一只站在树上的鸟儿，从不会害怕树枝断裂，它相信的不是树枝，而是自己的翅膀。一个敢做敢言的人，也不会轻易被环境左右，他相信的不是运气，而是自己的实力。

鸟儿的安全感，不是它有枝可栖，而是它知道就算树枝断裂它还可以飞翔。人也一样，或许你有很好的家境，有朋友依赖，有金钱支撑，但这都不是你的安全感，这是你的幸运。唯有自己内心愈发沉稳，身怀的本事才能够支撑你的整个人生呐。

现在努力过，将来一定会好过

在未知的时光里，我们共同加油与鼓励。在这里，我们提供温暖的力量。“加油，三班”，加油，每一位！

我问人海中：“你曾经，有没有很努力地做过一件事？”

她很快就回复了我：“写文章的时候就很努力，每天都写，从不间断。”

和其他作者一样，遇瓶颈写完却不满意时她也会很痛苦。是继续将不满意的故事写完出版，还是删掉再努力构思重写，这样的选择题也常令她小揪心。然而最终，她总是选择了后者。

她跟我说，有一次，她写了两个故事，各写了十万，可写到后面又都不满意，于是20万字全部删掉重写。那时候的她已经出版过将近十本书，只要写完也能出版。我问她：“删掉重写，累不累呀？”她发来一个卖萌的表情：“因为喜欢，也不觉得累，终生爱好嘛！”

我好像明白了，为什么她的作品会受到那么多人的喜欢。

当然，像这样的作者，也不止人海中一个，那个你们熟悉的夏七夕，在写《妖孽》时，不也干过这种事。

明明有畅通的捷径走，却偏要选择最苦逼的那条路。可也正是因为这份努力，才有了更好的人海中和夏七夕，以及你们现在所看到的更好的作品。

或许，努力本身就是一件挺苦逼的事。

读书时，我的数学很糟，理想大学去不成。心有不甘，于是边读大学边自考。没老师辅导，全靠自己啃教材瞎琢磨。

第一次到武汉考试是夜里4点，水土不服，吐到差点虚脱。不喜欢在人前哭，却蹲在街头，哭到不能自已。

深冬时再去武汉，又不幸遭遇暴风雪。雪来得很突然，没做御寒措施，没穿防滑靴，连把伞都没有。我只好把练习本顶在头上，又冷又茫然地在陌生的城市找车站和学校……站在大雪中寸步难行，感觉好心酸。

后来准时赶到了考场，但发挥失常，没及格。我从没挂过科，挤时间熬夜看书做试题，反而没及格，一颗心都凉了。但难过归难过，还是狠心坚持了下来。最后当和我一同参加考试的人都放弃了，当我拿到毕业证开心到想哭时……我也有点佩服自己了！

时至今日，依然感谢曾经努力的自己，是她让现在的我更美好更踏实。扯上梦想，努力变得有点大。有时候，努力其实不过是件小事。

微博上热议的高二男生，在学校升旗仪式上当着1600名同学向心爱的女生告白“我就是喜欢她，要对她的未来负责”。老师怒了，父母哭了，台下的同学却发出雷鸣般的掌声。

有人骂他头脑发热不分场合，有人赞他勇气可嘉敢爱敢恨。胡闹是胡闹了点，但其实也没什么大不了，不过是青春的一场插曲。就像他后来说的：“未来？未来还是要考大学呢。”还要努力变强大，去实现这个承诺。

当青春不再，回忆起这一幕时，曾经如此努力喜欢过一个人，也挺美好不是吗。多年后，或许我们不会再为了爱情这么努力和勇敢了。

还有，当年笨手笨脚的班长墨小芭，为了带领同学准备跳舞节目，迎接重病后重返校园的班主任，每天早上4点起床练习舞蹈动作。她说：“当时就觉得，老师笑了，一切努力就都值得。”

越来越多的人不相信努力的意义。

我却始终相信：越努力越美好。

努力生活，总能遇见那个更美好的你。

最好的复仇方式，是不断变强

男朋友出轨了，你深受打击却放任自己暴饮暴食；被上司训了，你满心愤懑却只会整天抱怨；被同事穿了小鞋，你骂天骂地却一次次忍受……这样的你，欺负你的人应该会很开心很得意，而你，还要继续这样下去吗？

好友今天和我说，他失业了。

因为新来了一个运营副总，代替了他的位置。

我和他说，这很正常，因为他比你强。

当你不够强，还是个弱者的时候，在利益博弈的职场，被牺牲和伤害的就总是你。

而面对这些牺牲和伤害时，最狠的报复是让自己不断强大。

1

我刚开始第一份工作的时候，同职位有一个比我先进去三个月的女孩君君。因为进公司的时间差不多，当时大家也都没什么经验，所以谁的进步快谁的进步慢一目了然。

我是一个特别爱思考和总结的人。工作了三个月后，我发现不同类型的文章都有一定的套路。那时因为公司有大量的案例，我每天完成当天的工作后，就是开始将所有类似的案例进行总结。

当时的资料大概有几千份吧，我不厌其烦地将它们一个个敲入电脑里，分门别类地进行汇总整理，当这项工作完成后，我也基本完成了我进入这个行业的第一个原始积累。

我的作品在那时已经很是像模像样了，得到了领导和同事的青睐，其他部门的同事需要文章的时候，已经开始指明要我来写了。

而这，引起了君君的不满。

有一次，总监安排我们写一个项目的文章，两个方向每人一篇，因为没有具体规定由谁来写哪个方向。于是我主动同君君商量我写方向A，她写方向B。

她当时很生气地对我说："我的工作我知道该怎么做，我不需要你来告诉我写哪篇。"我当时笑了笑说："没关系，要不你来安排咱俩的工作好了。"

我将整理好的资料都分享给了君君一份，其实当时我也有一丝犹豫，因为我想着她对我的态度这般恶劣，我大可不必将自己辛苦总结的成果分享给她。但我还是给她了，因为我知道这份资料对提升她现阶段的能力很有帮助。

还有一个我不计较她态度的原因，是我根本就不在意她的情绪，在这场博弈中，她根本就没有伤害到我的能力。

2

我的第二份工作，由三线城市进入到了二线省会城市，在这里，我遇到了很多比我更强的人，我的能力也受到了更大的挑战。

这是一家老牌的广告公司，在行业内颇具名气，我原来的工作积累马上就显得捉襟见肘了。虽然工作处于边做边学的状态，也还做出了一些成绩，但这被一些很爱表现的同事轻易拿去邀功了，而我又很骄傲，觉得如果为这样的事情撕逼，未免太掉价。很快三个月试用期过了，我未能转正。

这大大伤害到了我。但我又有一股狠劲，是不肯这么认输的。我那时已经将公司的书籍翻阅了四分之一，因工作经验确有不足，我每天都会提前一个小时到公司学习，周六日也会将公司里的书籍拿回家翻看。

这样又过了三个月，公司数十年操盘的案例，我已逐一研究了一遍，这时恰好我又接了新的项目，工作崭露头角，升职加薪也顺理成章。其实那时因为工作能力的增长，我已经收到更有名气公司的橄榄枝，所以转不转正这件事情，已经不可能再伤害到我了。

这个社会就是这样现实，眼泪、同情和安慰都帮不了你，有什么用啊，三分钟的热度而已。

你得先让自己成为强者，才能获得尊重，不然你就是被伤害的那一个。

3

因为对工作的热爱和执着，我顺利进入到了业内名气最大的广告公司，带着憧憬，带着期待。然而，在这里，我又一次受到了考验。

和我共事的，是一个40岁的老员工杨叔，他很勤奋，也很拼命，但在专业上面实在是资质平平。我常常觉得如果他从事策略或者公关，应该早就成功了。

我曾经看过一篇文章，写那些在职场40岁还从事着基层工作的人的状态，他们因为没有过人的才能，升值无望，又经过了几十年的职场洗礼，形成了一套实用的职场生存法则，成为各个公司里老油条型的人物，而这位杨叔，将它展示得淋漓尽致。

我和他的共事，在前三个月还是蜜月期，但当我通过试用期，受到全体同事的夸奖和称赞后，和他共事变得越来越艰难。

那时他常常让我写一篇文章，然后又将文章打散、重组，自己再加几句话，然后就变成他的了。如果客户夸奖了我的文章，他就会说因为客户是个女的，所以女人才会喜欢女人写的东西。如果我的工作完成得让所有人惊艳，他马上会说，你是抄的吧，用这一句话，就否定了我所有的成绩。更甚者，他和我说："我派人去调查你原来的工作情况了，你好自为之。"

我对此是十分无语的，我刚进入公司的时候你就已经调查过我的工作情况了，共事半年后，你又派人去调查？至此我对他已经是非常失望，不想做任何辩解。

有一些人的出现，就是来给我们开眼的，就像这位40岁的大叔。不管你多真诚，遇到怀疑你的人，你就是谎言。不管你多单纯，遇到复杂的人，你就是有心计。不管你有多么天真，遇到现实的人，你就是笑话。不管你多么专业，遇到不懂你的人，你就是空白。

在当时，他的行为伤害到了我，但我又是一个很阿Q的人，我记得那时看过一句话，说妒忌本身就是一种仰望，这是最大的赞美，我就当你是妒忌我好了。很快我的工作又有了新的突破，遇到了更优秀的同事。

到我成长到更高阶段时，这位大叔已经丝毫不能再影响到我的情绪，伤害到我了。所以我们一定要将自己修炼得很强大，无论是工作还是心理，当我一次次拿作品说话时，不过是让他的种种行为变成了笑话。

4

有一个这样的理论，在这个世界上，大部分人做事都是做到90分的，当你想要把事情做到更好，那么在做到90～95分之间的时候，你会遇到最多的质疑和否定的声音；如果你选择停留在这个区间，你受到伤害的概率是最大的。

但如果你咬着牙，将工作从95分做到100分，这时候，你会发现原来那些反对的声音都会变成赞赏。人的天性会对稍优秀于自己的人报以敌意，但当你做到100分时，这时的敌意会变成一种由衷的欣赏，因为他们知道自己做不到。

当我可以将事情做到100分的时候，我发现能够伤害到我的事情越来越少了。一方面是我的能力已经强大到足够抵御各种各样的伤害；另一方面是当你做到100分时，你会遇到更多100分的人，而越是迈向更高一级，越是更倾向于公平、正直和善良，只要你愿意与优秀者翩跹起舞，就会发现，自己时刻处在聚光灯下。

而如果你陷入在90分这个容易被伤害的区间时，你会开始怀疑自己，怀疑社会，怀疑人生。

当你认为社会上已无真情的时候，无数人正在被真情温暖，只不过不包括你；

当你认为武林精英断绝的时候，各路英雄豪杰正汇聚侠客岛巅峰对决，只不过没有你的那碗腊八粥；

当你以最龌龊揣测这个世界以最乏味的状态运行的时候，在一个你不曾有机会领略的舞台上，一群风华正茂的佼佼者正大放异彩，高歌猛进，只不过这演出没有你的门票。

你一定要咬着牙，即使含着热泪，也要坚持前行到100分，只要你进入到100分区间，你就会成为这个世界的主角，你的人生就会成为一座快乐的舞台。

现在每当人生又抛给我一个新的伤害考验时，我都会摆好迎战的架势，“来啊，互相伤害啊，谁怕谁啊”。

也许第一次你会伤害到我，但我绝不会给你第二次伤害我的机会。就像尼采说的：

凡是不能杀死我的，都会令我更强。

你越强，能够伤害到你的就越少。

面对伤害，最狠的报复是让自己变强大！

5

正能量不能解决一切

励志故事是别人的，
名言警句是书上的，
如果没有引起共鸣，
那所谓的正能量也没什么太大的作用。

正能量不能解决一切

常有人会说，“我学不进去求正能量”“我老板是个变态怎么办求正能量”“我不想去上班求打鸡血”，正能量仿佛就是神仙药水，只要得到就能满血复活；又好像正能量变成了逃避问题的办法，如果没有正能量打鸡血就永远解不开问题的结。

前段时间一度工作太忙，整个元旦都在家里加班，加上下属生病住院，加班的过程心烦气躁，恨不得对着电脑要摔鼠标了。每天在家里乌泱泱地想，这种日子可怎么过得下去。很多问题在一起，根本来不及想就变成了一个死结。辞职！消失！扔下这一切不管了！这些字眼无一不突突突地跳出来，让自己不由得心生绝望，感觉整个世界都暗淡了！好想在什么犄角旮旯看到句什么牛气冲天的话，以让自己能搞定这一切！

打开电视看了很久，也确实恰如其分地看到那么几句话，让自己内心的温度一点点升腾起来，有了一点点力气去仔细想想各种事儿，真正让自己的内心安静下来，把每件事都拆开来找找前因后果，最重要的是想出各种解决方案。仔细想想，其实正能量这种东西就像一股精神气儿，被充入到每个人的信仰里，让你开始相信自己一定能赢，一定能做到，仅此而已。事情本身的解决还是要靠自己来想办法，而并非全靠正能量来解决问题。

当“正能量”这个词让人依赖的时候，越来越多的人在遇到困难的第一时间想到的不是如何去解决问题，而是寻找哪里有正能量给我打点鸡血。但越是这样，就会愈加丧失让自己从绝望中爬起来的能动性（或者叫本能），总觉得需要一些外力才能重振精神斗志昂扬。

《少年派的奇幻漂流》热映的时候，觉得Pi特别强，这种强不是指他战胜了多少身体与物质上的困难，而是他在一个毫无对手、毫无刺激、毫无正能量的环境下不断地打败自己绝望的内心，战胜了自己的孤单和寂寞，一天天撑到了靠岸。

这个时代里年轻人的痛楚和绝望，大多来自对未来理想的迷茫，对自我的过高估计，对社会的隐忍不安，而并非来自肉体或物质的匮乏；而社会的浮躁与虚化又会将年轻人想要吃苦与耐久的心情通通赶跑，这便也造成了更多精神上的折磨与低落。如果我们总是需要正能量一类的精神鸦片来不断刺激自己，如果有一天，我们的周围没有励志故事与心灵鸡汤，这样的日子还能否过下去？自己求胜的信仰是否能本能地打败心底绝望的声音，让自己想少年Pi一样穿过孤独的海洋？

即便我们每天吸收了大量的正能量，看过太多的励志故事，读过太多的警示格言，但如果不能把这些内容融入自己的生活来让每天都多进步一点点，那所谓的正能量也没什么太大的作用。励志故事依然是别人的，名言警句依然是书上的，一切都没有引起什么共鸣。无非只是睡前的咖啡因，一觉醒来，依然什么都没有。

越是条件好资源多的状态下，越要苛刻地对待自己，假想自己在一无所有的地方遇到问题，应该如何为自己打鸡血，而不是依赖他人。当我们的心情和态度开始慢慢发生变化，很多负面的问题才会悄然转身，露出温柔的微笑。

比赛中的人生哲理

体育，不怎么内行，但是一面看比赛一面联想到人生种种，觉得有点意味。

一、看举重。多次看到一个运动员第一次举比较轻的那个杠铃，没有举起来，第二次也没有举起来。最后一次机会了，杠铃的分量加了七八公斤，他或却硬是稳稳地举得端端正正。这是“背水一战”原理、“置之死地而后生”原理，更是“发挥有待挑战”原理。人生不要怕挑战，怕的是不能面对挑战。

二、看球。每一次赢球似乎都大体能说清楚，包括对方失误送来的分儿，你能看明白。而忽然连输数分，你觉得莫名其妙，毫无道理。因为你对己方的赢球是有准备、有要求的，当事者也是有计划的，而对己方的失利，是计划外的开支，是无意求输硬是输；输于不经意间，输于一时恍惚，输于似乎瞬间走了神。这是胜负不平衡原理。

我还有个怪想法，可不可以做任何事都有两套计划，一个是胜利，一个是受挫。

三、运动员是辛苦的，我更同情教练，教练多半是严肃的、沉重的、忧患的。他有时临场叫停，嘱咐两句，运动员的表情不像多么听得进去的样子，但是叫停仍然能起很大的作用；问题不在于面授机宜，而在于改变一下比赛的节奏。问题是，人生中应该如何适时叫停呢？这是“尽责、坚持与叫停”原理。

四、球赛当中，每一个球的成功与不成功，都带有偶然的因素，因此我们还常常用“运气球”这个词，令人艳羡却又颇不服气。我试过多少次，只要我一感到比赛的某一方运气真好，风水就轮流转上了，不走运一方的运气就开始来到了。运气的问题，碰巧的机缘，大体是属于数学上所说的概率论范畴，而概率论里讲究一个“大数定理”，就是说只要比赛时间足够长，仅仅靠运气定输赢的机会就非常小。如果你抛一次硬币，其正面或反面朝上的表现都是百分之百，如果抛一百次甚至一千次呢，结果肯定是各占50%上下。所以，欧美有人说数学是上帝的语言，而我们中华文化的说法，这就叫道法自然，天道有常、天公地道。这是“公平公正”原理。

五、但是有的运动员在获胜后连连说我很幸运，这也极可爱。这是风度，这是礼貌，这也是“谦虚使人进步”原理。但这同样是事实：你不说，事情也有这一面。这是“运气总会有一些，胜者不必太猖狂”原理。

六、我特别喜欢看的一个场面是赛时拼得魂灵出窍，赛完双方热烈拥抱，至少是握握手，至少是互相拍一下手。我认为地球的未来要靠这个：竞争关系，同样也应该是友好关系。竞争是友好交流的一个重要方面。我不愿意看到赛完了胜方牛得要杀人，败方惨得或气得要自杀的场面。这是“竞争归于友谊”原理。

七、我不喜欢运动员的哭，尤其是胜后的哭。压抑到这个程度，我觉得违背了奥林匹克精神，违背了中华文化精神，反映了某种不完美的体育操作。这是“不哭”原理。

八、我也极不愿意听动辄讲什么压力，奥林匹克是光明的、健康的、自信的、快乐的盛大节日，您那么大劲压过来压过去干什么？有的说法我完全不懂，如说“男队已经失利，女队的压力更大了”，这是个什么逻辑呢？谁能说清楚？我们应该争强好胜，我们应该追求表现优秀，我们应该珍惜荣誉，同时我们应该君子坦荡荡，善于摆脱与转化压力，千万不要动辄把压力一词挂在嘴上，不论胜负金银，心胸开阔、光明正大地共襄盛举，为自己也为各国运动员的成绩欢呼歌唱。这是“减压扩容”原理。

九、有些年轻运动员，有些“黑马”一上来，其精彩令人大惊失色，噼里啪啦先赢一场两场，对方老运动员勉强招架，好不容易没有落马。但到决胜局，新星突然崩盘，资深运动员如有天助，以悬殊比分获胜。越到紧急时候越看出真本事，越到决胜局决胜负越看出谁的活儿靠得住。这是“决胜见真功”原理。

十、当然，也有黑马一出手就爆冷大胜的情节，这是“世无常胜，新旧交替，逝者如斯夫”原理。

懂得让步，是一种智慧

美国著名总统林肯曾说过这样一句话：“宁可给一条狗让路，也比与它冲突而被咬一口好。如果被咬伤了，即使把狗杀掉，也无济于事，得不偿失。”

说出这句话的林肯此前接受了不少因出言尖刻、不肯让步的教训。而懂得让步，其实是一个成熟的成年人最基本的素养。

懂得让步，是一种智慧

在英国著名的威斯敏斯特教堂的地下室里，一块圣公会主教的墓碑上写有这样一段话：

“当我年轻的时候，我梦想改变整个世界。当我渐渐成熟明智的时候，我发现这个世界是不可能改变的，于是我将眼光放得短浅了一些，那就只改变我的国家吧！但是这也似乎很难。当我到了迟暮之年，抱着最后一丝希望，我决定只改变我的家庭、我亲近的人——但是，唉！他们根本不接受改变。现在在我临终之际，我才突然意识到：如果起初我做出足够让步，从改变自己开始，接着我就可以改变我的家人。然后，在他们的激发和鼓励下，我也许就能改变我的国家。再接下来，谁知道呢，或许我连整个世界都可以改变，可惜我明白得太晚了。”

这段墓志铭其实揭示了一个道理：谁先让步，谁就先掌握了整个格局。

懂得让步，是一种以退为进的智慧，相反，不肯让步，往往是一种愚昧的坚持。

态度强硬，往往容易吃亏

周星驰电影《功夫》里的包租婆形象可谓深入人心：

剧中的她虽然表面性格泼辣、内心正义，但从另一个审美的角度来说，从她身上，你几乎感受不到任何一点女性的柔美气息，这对于一个女性来说，无疑是一种牺牲与代价。

其实，为人既不能始终宁折不弯，也不能始终卑躬屈膝，这中间有一个“度”需要我们审时度势，认真把握。否则，一个态度强硬的人，往往容易为自己的强势付出无法估量的代价。

彼此让步，会让这个世界更美好

自古以来，上至皇位政权争夺，下至分割家产，不知有多少骨肉兄弟为此反目成仇，历史告诉我们，那些执拗到底、不肯让步的人，多以悲剧下场。

清朝初年，皇太极驾崩后，大清政权未稳，而储嗣未定，诸王兄弟相争为乱。

就在剑拔弩张之际，多尔衮避其锋芒，选择退让，并同意了豪格势力的立皇子福临为帝的方案。他从坚持做皇帝的态度退而求其次，做上了摄政王，这不但掌握了真正的实权，还维护了根基尚未稳定的大清局势，否则，这一次的争执又将是一场水深火热的灾难。

对于大多数人来说，要做到疾恶如仇容易，而做到温柔相待很难，那些得不到解决的纷争，皆因你的尖锐刻薄而起，而恰恰是懂得彼此让步，才会让这个世界更美好。

有人说：“弯腰不是认输，而是为了拾起丢掉的幸福。”

中华民族向来讲究“以和为贵”“家和万事兴”“和气生财”，然而之所以能维持“和”，需要的便是甘于让步的心态。

俗话说：“退一步海阔天空。”让步不是认怂，而是用自己充满善意的妥协去积极地维护彼此间的关系，这也是每一次幸福时刻的开端。

两种命运

罗尼因误伤他人被判入狱五年，女友因此要跟他分手，罗尼想再见她一面，于是开始暗暗琢磨逃跑计划。他用一张报纸做掩护，花了一个多月的时间，终于用勺子将墙上的一块砖掏空了一半。

一天，狱警卡托例行检查的时候，无意中发现了这个秘密，但没有揭穿此事，而是小声地对罗尼说："你知道墙那边是什么吗？"罗尼战战兢兢地回答："外……外面是自由……"卡托微微一笑："傻瓜，外边是死刑室。"很快，卡托给罗尼换了一间囚室，罗尼也没有再动过逃跑的念头。

五年之后，罗尼出狱了，他开了一家小咖啡馆，日子过得也算安稳。

这天，罗尼在咖啡馆里忙活，一个穿着体面但神情沮丧的男子走了进来，要了一杯威士忌。当罗尼把威士忌端给他的时候，突然惊呼起来："卡托警官，是你吗？"

那名男子愣了一下，显然已经认不出罗尼了。"我是罗尼啊！"罗尼兴奋地说，"谢谢你当年没有揭穿我挖砖的事，要不然我现在可能还在监狱里蹲着呢！"

卡托喝了一口酒，慢慢地说：“是吗？祝贺你获得了新生！可是，因为那块砖，我却要进监狱了。”

罗尼大吃一惊，赶紧问：“怎么回事？”

卡托面无表情地说出了事情的原委。

原来，当年卡托给罗尼换了牢房，并没有将砖头补上。后来他因为经济上的麻烦，每次等新搬进去的犯人一动那块砖，他就暗示他们贿赂自己，不然就会背上越狱的罪名。一次、两次、三次……

“知道我今天为什么穿得这么体面吗？因为下午我就要上法庭了。”卡托一口喝尽杯中剩下的酒，叹息道：“一块砖头，两种命运。这可真有意思，不是吗？”

卡托向门外走去，一直在发愣的罗尼突然又问道：“那么，你能告诉我墙那边究竟是什么吗，卡托警官？”

卡托奇怪地笑了笑：“这已经不重要了。”

每个人心中都有一个耶路撒冷

每个人心目中，都有一个圣地。或为理想高地，或为情感圣地。就像犹太人心目中的耶路撒冷，神圣清洁，至高无上，值得一生守望。

姐姐年轻时有个耶路撒冷一样神圣的梦想高地——在京城工作，成为一名大学教授，过儒雅深邃的知识分子生活。对于师范毕业、在县城长大的姑娘来说，这个梦想可谓步月登云。

姐姐师范毕业后先做中学英语老师，之后考上省教育学院的英语专业。也许就是因为英语，让她觉得自己应该生活在另外一个世界。她喜欢脱口而出一串玲珑圆润的英语单词，优雅迷人的卷舌音翘舌音，那象征着浪漫与异域的，生活的另一种可能。她宁愿只用英语说话，用英语思维，用英语为自己设立一道优美的篱笆，把自己从周围人中隔离开来。

所以她一心考研，想考到北京，然后留在北京。家里有一间书房从上到下排满了书，这是她心心念念的梦想。以她的心气，这个梦想似乎触手可及。她的眼神、她的作为、她的心性，都在为她诠释，她会过上这样的生活，她是绝不会属于我们那个县城的。

那时姐姐20出头，除了工作，从早到晚都在看书学习。她反打扮，反享乐，反日常，沉默寡言，过着修女一样的生活。她是众人眼中的异数，是所有人眼中的书呆子。周围的年轻人都在忙着吃喝，跳舞打牌，悠闲自在。姐姐没别的朋友，只有一位比她更加志存高远的男朋友，她是孤独的。但是，她乐于这种孤独。表面热闹的生活是她看不上眼并且一心排斥的，她愿意让孤独把她和众人区分开来。

她那种反县城生活的做派，让父母心里有种隐约的骄傲，又有不知所以的恐慌。姐姐的追求，她所要的生活走向，不是一辈子生活在县里的父母所能想象的。也许是对身边庸常的排斥厌恶，也许是觉得自己只能成功不能失败，也许是除了学习之外始终没有同步的心理建设，姐姐经常失眠、眩晕、呕吐。每次考研她都发挥不好，一次又一次地失败了。

“心比天高，命比纸薄”，爸爸一再这样说姐姐。这话背后是无尽的叹息。姐姐成了周围人眼中的废物。往往，很简单的几句话她都说不好，很简单的关系她都处不好，她总是表现得坚硬、迂腐、不通达，总是得罪人，总会惹人哂笑。

考试临场发挥不好，除了她的性格缺陷，或许也与县城环境有关吧。在小县城成长的人，却觊觎大都市的生活，要走通此路，自然需要强大的心力与生生不息的生命力。姐姐过不上她所向往的更远更高的生活，此地的生活又令她不屑一顾，这让她感到压迫与巨大的不满足，她整个青春期都是在这样的压抑、封闭中度过的。有一次考研过后，因为又没发挥好，她的男友对她的耐心终于耗尽，无尽地声讨和指责她，这令她几乎崩溃。她把所有的希望，所有对快乐的想象与兑现，都压在考研这一件事上，自觉弃绝了所有可能的生活，也从不愿想象与接纳别的生活。所以她的失败，就是生活全部的破灭与落空。

姐姐对自己也越发没有信心。世界上所有的事情都让她纠结、犹疑、无所适从、患得患失。她只能选择重返县城，回到她曾经最鄙视、最看不起的生活。

姐姐现在是县城一所中学的英语老师。曾经至高的心气，终于低到了尘埃里，过上了世人眼里正常的生活。现在，节假日我回老家，发现姐姐也会和亲戚们坐在一起打牌了。一帮妯娌坐在院子或是客厅，吆五喝六带点小赌的那种打牌。姐姐和她们一样娴熟地吐着瓜子皮儿，大剌剌地说着粗放的闲话，争执时也会高声吵嚷，在牌桌前把午后明亮的阳光坐成暮色苍茫。

姐姐以前的那些追求，和她现如今的生活，让我一想起来便觉心塞、刺痛，冰水一般漫过的彻骨寒冷。

有则流行的鸡汤文，题目叫“你配过最好的生活”。可是想想看，谁又不配呢？每一个善良、洁净、努力、用心生活的人，谁不配过最好的生活呢？可是最好的生活，往往都在我们的彼岸。姐姐曾说过的在北京当大学教授的生活理想，她可能早就忘了，但是我还记得。时光仓促，岁月混沌，谁还敢回想最初的心跳？很多事情，选择遗忘，也是对当下的慈悲。

耶路撒冷还在远方，在午夜梦回时闪闪发亮。生活呢？生活教会每一个人世故，或者妥协。在县城生活的姐姐，也会在那里生活得很好吧？白居易说：我生本无乡，心安是归处。

让人喜欢，就要相处舒服

世界上总有偏见，你又不是人民币，不可能让每个人喜欢你。但是这些现实并不妨碍你应该成为一个让大家都舒服的人。

1

发力写作以来，第一次超过一周未曾动笔。因为我很担忧，担忧大家会嫌弃我。

一下子签约了简书，出版新书的事情也快敲定。给自己定下的目标一连串地实现，肩上的担子重了许多。

所以几天来，我一直在考虑写些什么好，既对得起自己，更要对得起读者们。

实话说，我又不是人民币，不可能让每一个人都喜欢我。但是喜欢我的人很多，我不应该让他们失望。

让人喜欢，相处舒服是一种学问。

经常有读者问我：和同学或是同事相处不佳，应该如何是好。

一方面，我会劝解他们不要过多在意别人的看法。另一方面，我也一直在向大家介绍一些处世的小技巧。

毕竟，人活在世上独木难支。在家靠父母，出门靠朋友，在世间行走能让人舒坦，路子也会更多。

2

在我眼里，所谓让人舒服有四大境界。让人舒服的最高境界是：海纳百川，有容乃大；壁立千仞，无欲则刚。

这是林则徐的堂联，说的是人心只有方寸，能容天下之事，没有钩心斗角的挺拔姿态。

人无完人，圣人方有这样的心境，或许也就孔老夫子能是这样的完人。

但是不管如何，我们都应该抱着"海纳百川"的心态去修炼自己。

有这样的想法，即使你没法做到，你也能练就让人舒服的另外三种境界。

第一，心不和，口也要和。

第二，身份不合，手脚要合。

第三，不多事，不多嘴。

3

有人的地方就有江湖。有些话一旦用嘴说破，那就等于撕破了脸皮。

我有个朋友，因为工作出色经常被单位里一些心怀叵测的人给小鞋穿。做不了的工作，不想出的活动都扔给他，而他总是一一接招。尤其是把别人不肯干的活都干得那么麻溜、到位，眼红他的人就更多了。给领导擦鞋、邀功、拍马屁之类风言风语更是传得满天飞。

不管别人如何含沙射影，他都不为所动，反而让关心他的朋友们不必介怀，尽可能地让同事之间的和谐不被破坏。

听他们一个关系比较好的同事说，大家都是明眼人，谁好谁坏一看便知，所以更加佩服他的气度，能在和自己不喜欢的人相处时把气氛变得融洽，不至于让我们尴尬。

每次见他都和和气气地跟那些冷嘲热讽、暗里使坏的人相处，我们都感慨能容之人必成大事。

有的时候，假如你能笑纳别人的恶心，做好自己的事情，其实好结果自然而然就会发生。所谓天道有轮回，人在做，天在看。其实，我朋友做的一切，他们领导都看在眼里。

最近，他升职加薪了。

很多时候，我们与人交往会碰到自己不喜欢的人，碍于情面你不能撕破脸皮。心不和口和的意义就在于——看破不说破，在人堆里能不互相拆台。

4

不管你厉害与否，至少你肯定会碰到那些比你逊色的人，或是智力，或是能力，或是家庭条件不如你。

与他们交往则讲究身份不合，手脚要合。说的就是不管人家怎么比不上你，你也要懂得尊重别人，做事情能与他们共同进退。

假期与长辈们出行，说白点，他们都是有头有脸的人物，比之他们，我的身价地位拍马不及。可是他们做事情却从不把身份放在心上。

提行李一马当先，吃饭则最后落座。坐车的时候，宁愿自己坐得难受，挤在逼仄的角落也不愿意让同行的我们有一点不好受。

总结起来就是，你不如我，我更不能让你受委屈。

我曾写过：真正的尊重是在差异不可消灭的时候，能细心地保护别人的自尊。尊重的最高境界，不是所谓感同身受，而是以己之身受人之感。

与人交往，你越是出色越要忘记自己出色，高高在上不如与民同乐。

人生中，你要面对许多形形色色的人，有的人与你相比，难免会差一些，放得下身段，身份不合，手脚要合，学会与他们休戚与共。

5

前天和一个神交已久的朋友打了这辈子最长的电话。在没打这通电话前，我一直以为她是一个年龄比我大些的姑娘，因为她处世十分老练。

她说，她并没有那么多精力去关注那些不相干的人，所以她是一个不喜欢说废话，更不喜欢多事的人。其实，在平时的交往里，我已经感觉到了她的这个特点，从不没事找事，从不没话找话。

实际上，不多事、不多嘴是一种“温润”的自处与处事，不多别人的事，不多自己的嘴，这样的人至少不会因为“过界”而惹人不快。

不少人会觉得我的朋友是一个高冷的姑娘，但是她至少能做到不去干扰别人，不去麻烦别人。作为朋友，她给我最大的感受就是仨字儿：不累人。

其实你会发现，和这样的人交往图的就是一个干脆、爽快，“行动不烦你，心里揣着你”已经是极大的舒服了。

你一定见过很多我行我素、目中无人的人。我想你也一定讨厌这些成全自己、恶心别人的人。

“不多事，不多嘴”的真谛就是不管我需不需要你成全我，我怎么着也不会恶心你。

口和、手脚合有时真的挺累人。你可能并不是一个长袖善舞的人，那么你至少可以做到“不多事，不多嘴”，努力修炼自己，清风自来。

6

说到底，所谓的让人舒服其实就是两句话：严于律己，宽以待人。己所不欲，勿施于人。

没有人能让所有人喜欢，假如你能揣着这两句话在心里，起码你能是一个让大部分人都感到舒服的人。

为什么层次越高的人，计较得越少

1

以前常有人这样跟我说：你要拿得住架子，别看到信息就立马回，不要有什么就说什么，否则你会显得很“好说话”，他们也不会把你当回事……

我不知道什么时候，“好说话”变成了一种贬义词，难道我为你开了方便之门，你反倒要回过头来嘲笑我？

难道善意的援助，在别人眼里反倒会成为好欺负的标志？

我不认同他们的话，但有时不得不承认，生活中总有那么几个“不知好歹”的白眼狼，一边消费你的善意，一边还要嘲笑你的“无知”。

比如我就曾遇到过这样的人。

因为当过省编的关系，很多人会来咨询我一些投稿的问题，面对大家的询问，我能解答的都会知无不言，言无不尽。

但时间久了，那些求帮忙的人反倒肆无忌惮起来，刚开始还是客客气气地发给你一篇稿子，希望你给他提点意见，到后来干脆连谢谢都没有，随便得好像两个人可以称兄道弟。

我并不是需要那一句“谢谢”，也不是要求他们给我什么“好处”，我只是希望，当我熬夜给你看稿子，把我知道的一五一十告诉你时，你要明白，不是所有人都闲得没事做才去帮你，那些在你求助时能及时回复你的人，只是将心比心。

我们都体会过求人的难处，我们也理解你的心境，所以我们毫无保留地给予你帮助，让你轻而易举地得到你渴求的答复。

但往往事与愿违，我的善意却被你当作家常便饭，我的帮助变成了理所当然。那么，抱歉。我对你的帮助我收回，以前是我太善良，现在我该用那些人常用的伎俩，对你“狠”一点。

的确，当我不再那么热心时，那些求我帮忙的人，反而开始珍惜我的每一次帮助，我额外的工作量少了，大家对我的态度反而好了许多。

但我知道，每一次当我话只说一半，其余一半留给他自己去悟时，你将又要多绕一个弯；当我不再理会微信里时不时冒出的消息时，我明白，又会有几个还在奋斗路上打拼的人失望。

很残酷，很无奈，但又很现实，有时候，你走的那条路是你自己铺就的，我们给你扫掉几块石头你不乐意，那好吧，剩下的留给你自己，没有人会去帮你。

越轻易得到，就越不会珍惜，这已经成为所有人的共识。

所以恋爱讲欲擒故纵，女孩不会轻易答应男孩的求爱；所以

“前辈”们讲架子，摆出一副“贵人语迟”的样子。

有人责怪是对方太清高，可惜你忘了，每个人在出生时都是一张白纸，只不过是那些不懂得珍惜的人太多，我们才不愿意再做个一味付出的“傻子”。

如果你不珍惜轻而易举打开的方便之门，那么你有何理由埋怨自己阻碍重重?

2

《伊索寓言》里讲，当初普罗米修斯奉宙斯之命造人时，特意在每个人身上挂了两个口袋——胸前一只装别人的缺点，背后一只装自己的缺点。

结果，人们一低头就能见到别人的不足，却很少回头找自己的毛病。

很多时候，我们总是在埋怨对方的不是，把对方钉到道德的十字架上，仿佛自己是天底下最大的苦主。为什么他有什么事都不愿意告诉我?为什么一出去逛街她就躲着我?

可能你忘了，每当那个人兴高采烈地跟你聊天时，你都在刷你的手机；每次出去玩，你都以自己的意志为转移，而忽略了别人的感受。

很多问题都是双方的，别人对你的态度，可能就是你自己当前的状态。反思一下自己，很多百思不得其解的问题都会有答案。

不过，也不能把所有棒子都打向自己。也许你珍惜身边每一个人，对大家的帮助心怀感激，但依旧有人对你熟视无睹。

不错，那些对你冷若冰霜、置若罔闻的人，未必都遭遇过心灵的“创伤”，毕竟遇到“白眼狼”的概率有限，但人的秉性却是在无限延展。

记得我刚开始接触编辑是在大一，当初被老师派到校报编辑部也是歪打正着。

记得那时我是编辑部里唯一一个大一的学生，而且也不是科班出身，对编辑几乎是一无所知，我向学姐请教，她们也只是简简单单地说看看稿子，至于要如何看，侧重点在哪里，她们根本不告诉你。

后来有人跟我讲，编辑部只有大三学生才能进，你初出茅庐就被老师调到这来，自然有人会嫉妒。

说实话，当时有种盲人瞎马的感觉，完全不知道自己在做什么，但现在想想却不觉可笑。

那些因怕被超越，而拒绝施以援手的人，实际上是一种对自我的怀疑。

你担心被人超越，说明你自己本身就有漏洞，你并非别人眼中那么完美。如果你在进步，曾经那点被你视若珍宝的“经验”还算什么？

你在乎的，往往能反映出你的水平。为什么层次越是高的人，反而计较得越少？不是说他有多宽容，而是有些事根本入不了他的眼。

你可能还在抱怨公交车上谁踩了你一脚，而他可能想的是下半年的工作计划该怎么安排。这叫气度、叫眼界、叫高度。

时至今日，我已经可以在省刊做责任编辑，而当初那些编辑部的学姐，依旧还是在校报里徘徊。

其实你根本不必担心自己的劳动成果被别人轻易得去。你可以成为第一个掌握某项能力的人，一定有你的原因，受教者故多，但青出于蓝者毕竟在少数。

前几天，我get到一个制图技巧，我一直熬到凌晨3点才成功。之后很多人向我请教。

说实在的，自己辛辛苦苦熬到两眼发黑得出的成果，这样让他人轻易得去的确挺心痛，但你要明白，你告诉他的只是一个结果，但在摸索这项技能时，你的分析能力，你的思维方式，你的知识结构都是他们得不到的。

这个世界不缺技能，缺的是获取技能的方法，就是通常讲的思维框架。

我研究出某个bug，我可以把它教给其他人，表面上我们获得了相同的能力；实际上，我还拥有了解决诸如此类问题的思维和手段，当我再遇到类似问题，我依旧可以调用上一次的思维模式，但他们却未必。

所以，你根本没必要斤斤计较那点小“经验”，你所拥有的，是那些窃取“劳动成果”的人永远无法比拟的。

3

你的眼界放在哪，你的层次就定在哪。

记得和F先生去看《28岁未成年》，片中茅亮向一位卖猪肉的大叔买回原属于自己的iPad，但由于没带够钱，茅亮恳求对方便宜点，对方琢磨了一会儿答应了，最后却在iPad上砍了一刀，说这回值这个价了。

当时F先生小声对我说：“这个人一辈子也只能卖猪肉。”我想，这应该是眼界与地位最好的诠释吧。计较眼前的蝇头小利的人是不会有大成就的，我也相信，没有人愿意去跟一个“葛朗台”打交道。

我们都是在奋斗路上努力奔跑的人，都渴望能得到他人的一臂之力，但没有人愿意给“白眼狼”作嫁衣。

当你遇到一个愿意无偿帮助你的人，请珍惜；但如果一开始，那个人根本没搭理你，也不要在意，可能他想守着自己的“宝贝”过一辈子，而你，有机会去获得更好的。

愿我们不是那个不知珍惜的“白眼狼”，也不是那些斤斤计较的“葛朗台”。有些事值得我们去重视，而有些大可忽略。

我们的路或许阻碍重重，但希望造成这一切的不是自己。

珍惜所拥有的，你的路会顺畅许多。

做一个有趣的人

在北京，我曾偶遇过这样一个懂生活的高手。

他不过是一个20岁出头的大男孩，利用暑期到北京打工。当时他打工的餐馆离天安门不远。餐馆不大，他既负责点菜，也负责上菜，忙得不亦乐乎。

我看到他时，他正在跟一个法国人连说带比画地“聊天”。大约是那个法国人在跟他咨询一道菜，而他完全不懂法语，英文也不是特别好。但是，他“手舞足蹈”推荐的菜居然很合法国人的口味。

法国人离开时，他热情地送到门口，顺带着连说带比画地给人家指了路，推荐了景点。我忍不住笑话他，难道不怕给人家指错了路，丢了中国人的脸？

他夸张地大笑，拉长了腔调说：“怎么会？我外语说得这么好，表演得这么形象，交际能力这么强，怎么会丢国人的脸？”他说他在这里遇见过很多不同国家的人，早已练就了和各国人打交道的本事。我问他：“你每天都过得这么妙趣横生吗？”当时，他在那家餐馆打工已一个月有余，我猜想这么枯燥的工作应该早已让人心生厌烦。

他挠挠头，说："妙不妙，我就不知道了，反正每天都很有趣。"

每周的休息日，他就拿着地图在北京各处转悠，跟旅游一般惬意。他说着说着，眼睛就笑成了一条线。

他故意用一口老北京的腔调，发音准确无比。这是他跟餐馆周边的北京大妈大爷们学来的。他说，餐馆附近住着一对老夫妇，很有趣的一对老人家。那对老夫妇都喜欢他。大妈喜欢找他聊天，大爷喜欢教他看图纸，偶尔来兴致了还约他一起观园。一个月的时间，他已经成了北京通了。他短短几句话，就让我对那对老人家生起了无尽的兴趣。

似乎，在他眼里，满世界都是好玩得不得了的事情。仅仅是简单一番交谈，你就能轻易地感觉到，他活得特别带劲，生机勃勃的。这大概就是人们所说的：对于那些内心充溢快乐的人们而言，所有的过程都是美妙的。

人生的确需要时时激活，却并不有赖于惊天动地的大事件。生活真正的趣味都融于日常小事中。

很多卓越的人拥有着不平凡的一生，但有趣的生活依然源于日常琐事。杨绛先生的《我们仨》一书，更能让人体味到这一点。

记得读这本书之前，我猜测，里面记录的大抵应该是波澜壮阔的一生，就好似普通人心心念念的“诗和远方”。然而，让我笑中带泪、泪水涌出之后又很快笑出声的，真的只是一些温馨的“鸡毛蒜皮”。这些日常里面包含着说不尽的世间乐趣，让人回味不断，绵长悠久。

杨绛先生记录一家三口爱去动物园，把各种动物的习性和秉性写得惟妙惟肖。比如大象，她写道：“更聪明的是聪明不外露的大象……母象会用鼻子把拴住前脚的铁圈脱下，然后把长鼻子靠在围栏上，满脸得意地笑。饲养员发现它脱下铁圈，就再给套上。它并不反抗，但一会儿又脱下了，好像故意在逗那饲养员呢。”

杨绛先生的笔下，每一个情节都是那么饱满，有光芒。

掩卷之际，我也明白了，这种来自日常的有趣，才是真正而持久的有趣，深入骨髓。

觉得生活无趣的时候，不要总想着到了佛罗里达的棕榈海滩生活从此就变得有趣，不要总以为到了非洲好望角日子就会给你打开一个豁然开朗的突破口。内心若了然无趣，哪里都漆黑一片。

我们应该审视下自己，审视下身边的人来人往，试着换个角度重新对待自己的生活。见了面从来不打招呼的那个邻居，你试着给她一个微笑；公司周边新开的那家餐馆，你约三五同事一起品尝。

真正有趣的生活，从来不需要用“诗和远方”来堆砌。它囿于厨房，却容得下山川湖海的纵横生趣。

生活中的大波澜永远只能是点睛之笔，是锦上添花，不能当作救命稻草。要想拥有一个有趣的人生，我们必须学会与日常琐碎谈情说爱，让水泥地里长出嫩芽，开出鲜花。

当年沮丧的样子，真的很可笑

1

一天下班，天气不错，我决定走路回家，闻闻那久违的烤串味道。

一个男孩走在我前面，20出头的样子，穿着黑色羽绒服，头发乱糟糟的。这身打扮不容易引起注意，但是他摇摇晃晃地在路上划八字，边走边踢石头，想不注意到他都难。

他右手紧握着手机，好像是在等电话，有点紧张，也有点焦虑。

果然，手机铃一响，他猛地停了下来，一边讲电话一边手舞足蹈，越说越激动。我三步并作两步想要加速超过他，他猛地把电话摔在地上，号啕大哭起来。

不用猜，他脑门上赫然写着两个大字：失恋。

路上的人纷纷向他投去同情的目光，我的脑海里突然响起那首歌“你到底爱不爱我……”，和他沮丧的神情搭配在一起，有一种莫名的感觉。

2

其实，我不是幸灾乐祸，是真的哭不出来。几年前，我也和他一个怂样。为了一个想也不想、扭头就走的人，蹲在大马路上歇斯底里地哭。那时候，觉得世界都要塌了。

明明说好相依相伴一辈子，转眼间就在大洋彼岸。一张机票的距离没多远，远的是他从来没把我放进他未来的人生。

那时，我们都刚上班没多久，决定等彼此稳定了就结婚。一想到以后要在北京买房，有自己的小家，我每天都动力十足，全组人就数我意气风发，连老板都说我打了鸡血。

他通知我自己要出国的那一天，我就崩溃了。不是商量，是通知。我问他，我们俩以后怎么办？他低头半晌，只说了三个字：多保重。

不知道该佩服他的伪装还是我的麻木，竟然等到他说再见的时候才发现。

我没在他面前崩溃，却开始折磨自己。每天下班不吃晚饭，就跑去睡觉。半夜醒来，抱着被子哭。每天早上肿着眼睛，顶着一头乱草去上班，同一身衣服穿了一个礼拜。不和人说话，到了吃饭时间，硬往嘴里塞吃的。

同事们只能唉声叹气。看着我垂头丧气的样子，老板不敢带我出去开会，同事不敢给我安排工作，结果，整整一个礼拜，全组人都在帮我收拾烂摊子。最后，经理终于忍不住，把我叫到办公室，只跟我说了一句话：“再这样下去，我也保不住你了。”

那场冰冷的谈话之后，我突然没事了。因为我发现，失业比失恋更恐怖。

从此以后，再也没人知道我什么时候脱单，什么时候失恋。

3

回想自己当时的样子，真的挺可笑。人的记性永远比想象中差，自愈力永远比想象中强。都说那些打不死你的，会让你更强。讲真，其实真没有什么能打死你。

往前看十年，那时让你伤心欲绝的事，今天被当作笑谈。所以，如果十年后看现在，此时此刻让你觉得过不去的事，也绝对没你想的那么严重。

人生不如意十之八九。比起事业有成、爱情顺利，沮丧和失意有时才是人生常态，却总有人为了这一部分生活而垂头丧气。到头来却发现，如果你一味地沉迷于这种悲观的情绪中，除了别人的嘲笑，你什么也得不到。伤口是很疼，但你不停地揭伤疤，它就能好吗？

大学毕业前，闺蜜比我早一个月拿到offer，在一家中型合资公司当法务。

她决定去这家公司的时候，我很惊讶，以她的成绩和能力，去一家世界五百强不在话下。大家都以为这个公司给了她多高的薪水，她却说，自己很努力地准备每一场笔试、面试，但都没成功。她最心仪的一家公司，让她参加终面，三选一，最终还是功亏一篑。

那已经是两三个月前的事了。当时，我们天天在一起，我却没发现她哪天心情不好。

这个世界上就是有一种人，总是一副欢乐的表情，有时却会在你看不见的地方偷偷地哭。他们不是善于伪装，而是练就了一种自我安抚的本领。

情绪上也有一种马太效应，越快乐的人会越来越快乐，越难过的人也会越来越难过。你每天苦着一张脸，还不是自己天天见。你自己不想痊愈，神医也治不了。

所以，有时候，假装自己过得不错是必要的。

4

有时候，看着满屏哀叹自己失恋、失业、单身、赔钱的朋友，我常常想起美国心理学家塞利格曼的一项研究成果。他认为，归因可以改变一个人看待事物的角度，而这种角度决定你是一个悲观或者乐观的人。

其实，乐观并不是自我麻醉，而是一种对人生的领悟和豁达。不是教你骗自己生活在天堂，而是告诉你，现实里有天堂的模样，也有地狱的影子。

那些宣称生活里只有痛苦的人，只是没有看见喜悦而已。

一个人能否渡过难关，并不取决于忍耐力，而是取决于他能否明白所有好与不好都是生活的一部分。而在生命这条漫漫长路上，一切忧伤难过都不会长久。

所以，别总是摆出一副垂头丧气的样子，因为真的很难看。

6

有些成功，不值得鼓励

取得成功的方法，
通常有千千万万，
但只有通过正确决策
取得的成功才是上上之道。

有些成功，不值得鼓励

我的一个朋友是做投资的，所供职的老板是个德国人，这次，他很沮丧地找到我，与我诉苦说，他简直无法理解自己的这位老板，因为他的性格实在古怪得很。待我细问才知道，原来前些日子，这位老板回德国了，而朋友接到一桩颇具风险的投资业务，虽然没有什么把握，但朋友凭着直觉，果断出手，做成了这个业务。结果证明了朋友的直觉是正确的，为公司狠狠赚了一笔钱。但当老总回来，仔细询问之后，居然大发雷霆，指责他玩忽职守，冒险投资，被重重地罚了一次款，因此就有些闷闷不乐。

我听完后，微笑着和他讲起了一个关于曹操的故事。在三国三分天下的时候，曹操想北上征服塞外的乌桓，以此来统一北方，但是此时的情形却比想象中的要更加困难，因为刘备和孙权无时无刻不对他虎视眈眈，如果北上打乌桓，刘、孙难免乘虚而入，这是十分危险的，于是许多将领谋士都纷纷劝阻。但是曹操仍然大胆出击，将乌桓打败，统一了北方。

当曹操带兵凯旋的时候，开始命人调查当初反对他北伐的人，吓得当初那些好心劝阻的将领谋士魂飞魄散，以为都难逃此劫了。但是出人意料的是，曹操不但没有责罪他们，反而给他们丰厚的奖赏。于是大家都困惑不已，问曹操说：“他们都是些劝阻北伐乌桓的人，如今我们已经大胜而归，为什么还给这些差点贻误军机的人奖赏呢?”

曹操笑道：“我们北上攻打乌桓，的确是十分危险的，虽然天意助我，让我们侥幸赢了，但绝不是一种正确的做法，那些人的劝阻才是万全之策，所以要多加奖赏。”

曹操说完之后，大家才恍然大悟。从此大家更加敢于发表不同意见，行事也更为客观，不再铤而走险。

故事说完，朋友舒了口气，心中释然了，因为他明白了老板的古怪作为是为了告诉员工们要按章办事，不能凭一己直觉而拿公司的利益去铤而走险。同时，也让他这个侥幸成功的人明白了一个道理，那就是——不是所有的成功都是正确的，而唯有正确的决策下取得的成功才是真正的成功。

读书，提升气质

1

前段时间出差到公司合作单位的城市考察，由于两公司合作多年，对方公司派专人全程陪同我们。

在五天的考察中，对方公司的一位年轻女士L让我们印象深刻，敬佩有加。

相比和我们一起去的美女同事D，L算不上美女，但她从内而外散发出来的气质更让人喜欢。

记得每次饭桌上或闲聊中，同事D的话都是最多的，一直自顾自地滔滔不绝，但大家似乎对她的话题越来越不感兴趣，参与人的很少，接茬的也只是碍于面子在敷衍。

相对D的多言，L的话并不多，但是她的每句话都让人信服。

她那广博的知识，对新资讯的掌握，对话题的独到见解，再加上她年轻的面孔，让人不由得刮目相看。

而D的言谈就像“无源之水，无本之木”，淡而无味，无法得到别人的关注。

L的相貌并不出众，也没有太精致的妆容，只是着装干净整洁，却有着不可忽略的气质、内涵和底蕴，这使她更有气场。

而同事D除了妆容、服饰精致外，学识与见识就显得逊色了许多，她有时的不着边际，和那些没有什么实际意义的夸夸其谈，让人再无好感。

女人的真正魅力不是外在的漂亮和穿着的时髦，而是内在修养与气质。

虽然这是个看脸的时代，外貌协会成员与日俱增，颜值的确重要，但一个人的内涵和气质更为重要，这是别人是否愿意与你深交的前提。

D平时特别在意自己的外表，并一直在变美这条路上努力着，改变着，希望达到完美。

从我认识她起，就知道她是我们中最肯也敢在脸上下功夫的人。她纹过眉、丰过唇、开过眼角、隆过鼻，到现在已经改变为一个不折不扣的美女。

她把所有精力都用在了让自己变得更美的努力上了，太注重自己的外表，势必忽略了提升自己内在气质。

很多时候，颜值是可以忽略的，但气质和内涵是无法被忽视的，是可以久远的。这是个看脸的时代，不假，但也绝不是一个仅仅看脸的世界。

2

表哥表嫂最近为侄女小娟要整容的事非常生气、担忧，特意打电话让我来劝劝侄女。

侄女小娟是一名大三的学生，她从小就很爱美，上大学后越发注重自己的形象了，平时的零花钱全都用来购买化妆品和衣服了。

女孩子爱打扮本来也没有什么，可让她父母无法接受的是，她最近竟有了整容的想法。

她想去医院磨腮削骨，将自己的圆脸变为标准的瓜子脸。

她想通过整容让自己变得更漂亮，以便明年毕业时可以找个好工作。

爱美对女孩子是好事，可要通过开刀变美，就有点过了。

况且好的形象只能给人以良好的第一印象，而要想给人留下深刻印象，并想要与你接触的一定是你的内涵和气质。

一个女子被认可、被尊重，不是因为她有好看的脸蛋、多傲人的身材，而是她的人品、涵养和内在气质。

古代最出名的丑女嫫母，是黄帝的第四个妻子。长相形同母夜叉，丑陋无比。但她为人贤德，深受黄帝的喜爱和后人的尊重。

《淮南子·修务训》中拿美女西施与丑女嫫母比较道："不待脂粉芳泽而性可说者，西施……虽粉白黛黑弗能为美者，嫫母……"

意思是西施是自然美，而嫫母是心灵美。

后世也有，“嫫母有所美，西施有所丑”。可见嫫母的德行为当时女人楷模，智慧也非同寻常。

屈原《九章・惜往日》中写道：“妒佳冶之芬芳兮，嫫母姣而自好。”

嫫母除了为人贤德还很有才，她发明了丝绸，解决了当时人们赤身裸体有伤风化的难题。后人为了感谢她的这一重大发明，尊称她为“先蚕姑娘”。

相传，人类使用的第一面镜子也是嫫母用石片制作的，她解决了妇女需去水边梳妆打扮的问题。

黄帝为她这个发现，给嫫母记了一大功，人类使用镜子在中华民族的历史上，从此就开始了。

《吕氏春秋・遇合》中记载，黄帝与嫫母感情深厚，并假借黄帝的话教训那些长相自卑的女人说，“不能忘记磨砺你们的道德；不能衰退你们内心的纯正。这样做了，长得丑又能伤害谁！”

说得多棒呀，这不就是我们这些对自己长相不满意的女子的励志名言吗？

3

所以，姑娘不论你的长相如何，都须提升自己的内涵和气质。

一个举止文雅、言语得体、气质高雅，有修养的女性，犹如鹤立鸡群，谁不为之刮目相看呢?

提升气质的唯一方法就是读书。读书也应是女人一辈子都应该坚持的事。因为读书能使人变得睿智与坦荡，使人修德养性、智慧无穷。

爱读书的女人，不管走到哪里都是一道美丽的风景。她可能貌不惊人，但她有一种内在的气质：

幽雅的谈吐超凡脱俗，清丽的仪态无需修饰，那是静的凝重，动的优雅；那是坐的端庄，行的洒脱；那是天然的质朴与含蓄混合。

因为书给了她底气，熏陶了她至真、至美、至纯的情感，使她变得温文娴雅、善解人意，充满书卷气息。

“腹有诗书气自华”，她就是素面朝天，走在花团簇锦浓妆艳抹的女人中间，也格外引人注目，是气质，是修养，是浑身流溢的书卷味，使她显得与众不同。

一个女人如果不读书，没有知识就会变得无知、粗俗，就会被时代抛弃。

即使长相貌若天仙，穿得华贵时髦，而那些用物质涂抹起来的面具，终归是浅薄的，再好看也不会长久。

相反，只要她喜欢读书，充满书卷气质，即使穿戴朴素，她依然会显得那么高雅雍容，衣服对她来说，只是一种饰品和点缀，只会让她更加美丽，更具风韵。

英国作家毛姆曾经说过："世界上没有丑女人，只有一些不懂得如何使自己看起来美丽的女人。"

罗曼·罗兰如是劝导女人："多读些书吧，读些好书，知识是唯一的美容佳品，书是女人气质的时装。书会让女人保持永恒的美丽。"

从书中走出来的女人是有底蕴、有远识的。所以，聪明的女人必须不断地从书本上汲取知识。

阅读，不仅让我们的生活变得充实而丰富，还可以给人以生命启迪。

记得在一本书上看过男性对读书女子的最高赞美。

那位男性说，他在飞机上看到一位女子，落座后就手捧一本书在读，那神情仿佛世界不存在了。虽然她不再年轻，也不漂亮，但是他觉得她很高贵，与众不同。

一个女人，书读得越多，气质就越好，而这份气质是整容雕刻、粉底堆砌不出来的，而且时间越久，女人还会更优雅，更智慧，从骨子里透出高贵的气息。

所以，让读书成为一种习惯，通过读书培养一种独特的气质。

后退的智慧

有一次，我给一家新开的汽车修理厂设计制作宣传单时，修理厂的老总特地跟我说："请你写上，我这里提供酒后代驾、维修救援、现场查勘、估损定价服务，而且都是免费。"

当时，我一愣：怎么能免费呢？只要比其他修理厂便宜点，那就是价格优势了，何愁吸引不到顾客？

老总笑了，说："年轻人，这就是'以退为进'的策略了。我这厂子新开，没有知名度，只要吸引到顾客，有了固定客户群后，再收费也不迟啊。"

我茅塞顿开，表面上看来，这是一种"吃亏"，但实际上只是退了一步而已，退一步的目的是为了进十步。就如"田忌赛马"一样，先用自己的下等马和对方的上等马赛，然后才用上等马对对方的中等马，用中等马对对方的下等马。即使对方的马比他的好，但因为他先退一步，最终以"三局两胜"赢过了对方。

企鹅上岸很有意思，先是猛地从海面潜入水里，尽力沉下去，直到一定的深度，才会奋力向上，犹如离弦之箭，漂亮地上了岸。企鹅身躯肥胖笨拙，却能借助海水的压力和浮力，以让人意想不到的特殊方式上岸，实在是一种智慧。这就是著名的企鹅沉潜规则，往深了想去，做事、做人、做学问，都应该如此。先潜下去，再漂亮地浮上来。企鹅的这种上岸方式，其实也是一种蓄势待发、以退为进的策略。沉得足够深，才有力量浮上来。

路很多，到达罗马的方式也很多。有的人事业上一帆风顺，有的人则是经历坎坷。有时候做事情，迂回一下，绕开坎坷也是不错的方法。退，并不是畏缩，只是为了更好地“进”。“临渊羡鱼，不如退而结网”，在明知不可为的情况下，选择暂时的退却，积极做好准备后，换种方式再前进，何尝不是明智呢?

做事是这样，做人也如此。

所谓“退一步海阔天空”，不要为了一时之气，而做了令自己后悔的事情。

生活是有弹性的，一味地横冲猛打，一味地骄傲轻狂，只会让自己碰壁。

后退一步，是为了韬光养晦，也是为了前方更美的天空。

没有对比，就没有伤害

1

朋友小红是一个比较内向的人，她跟我说了一件事，我觉得可以拿出来探讨探讨。

前些日子，她和所在工作单位的同事一起出去游玩，因为人数太多，所以分两批进行。小红是第一批，她妈妈朋友的女儿（也是小红的朋友）在第二批。在第二批游玩过程中，小红妈妈就给小红发了一个视频。

视频里，小红的朋友在大巴车上自我介绍，给大家献唱，在晚上吃烤全羊的时候唱歌跳舞。

偏偏小红是一个较为内向的人，她更不喜欢在大庭广众之下展现自己。

小红跟我说，她妈妈经常这样做，把一些别人家孩子优秀事迹拿出来做谈资。

而发视频这件事，其言下之意：说得好听是希望女儿能够像那个朋友一样活跃一些，说得不好听是“你看看人家的孩子才艺这么好，你呢？多学学人家吧！”

在那一瞬间，小红心里很不舒服。

倒不是吃朋友的醋，只是觉得有的东西是不能对比的，比如人的性格，每个人擅长的方面，人的成长经历等。

可她妈妈却总喜欢拿他人的优点来和小红做对比。

她知道家人没有不好的用意，但脑子里最先串出来的感情色彩还是烦躁、难受、想哭。

不知道你会不会跟小红有过类似的经历，被家人或身边的人拿来与别人做对比？

2

这让我想起自己的以前。

小时候我的考试成绩很差，和一起玩耍的小朋友们相比，他们的成绩大多都比我好。更要命的是，他们的爸妈是我爸妈的好朋友，几家人关系都挺好。

有时候，我总是担心爸妈会拿别人家的孩子去数落我。

有一个小朋友总是心情不好，他经常受他爸妈念叨说“别人家的孩子考试如何如何好，看看你自己考得怎样”。

在这样的“鞭策”下，那小朋友也不敢说什么，只是觉得要在下次考试前继续努力。

但每次考完试，不管他考得好还是坏，脸上经常呈现着郁郁寡欢。

庆幸的是，我还好，爸妈没有时常在我面前念叨谁谁谁如何如何厉害。

我考得太差，他们自然会责骂我，但只要不是差得太离谱，他们也没有责怪我什么，也几乎很少拿我身边的小朋友来刺激我、打击我。

因此，很感谢我的父母能够如此通情达理，虽然有时候他们看到其他小朋友会跟我说“你看看人家多棒”，当我知道那也许只是口头说说。

我也从来没当真，知道自己应该也不赖，有那么点自信在，用自恋去阻挡那些对比性的暗示，对此就不会在意，自然也不会挂在心上。

3

虽然小红说自己经常会时不时就被妈妈刺激一下，但依旧没有免疫能力，因为每次对比都会让她的情绪有些失控。

没有对比，就没有伤害。

对此，她也只是想一个人静静。可是每次当她妈妈抛过来一堆“优秀理论”的时候，她的心并没有麻木，还是会有知觉，所以感到有些痛苦。

念叨她的可是至亲的家人啊，谁不在乎？

后来，她学会心里暗示，暗示妈妈是出于好意，是想让自己通过对比能够学习别人的优点，其实事实也是如此，一番自我安慰后，她才能再平静地回应妈妈的信息。

悄然无息杜绝了一场硝烟。

4

比较是一个大坑，它会严重束缚一个人的成长，让你在各种眼光和莫须有的审判中开始逐渐压抑。

于是会出现两种极端。

一种是渐渐不敢随意暴露自己，怕他人的猜忌，担忧那些不平等的比较。

而另一种，是会出现所谓的叛逆，大部分叛逆的小孩都是为了逃脱家人给他们强加的期待和无意间的束缚。

别人家的孩子总是那么优秀，那么出彩，以至于自己的父母总是会对自己的小孩恨铁不成钢。

久而久之，小孩的心理自然心生逆反，何况那么多年来你都是活在家人拿别人跟你比较的生活压力下，在成长路上踉踉跄跄，步履蹒跚。

虽然有时候的对比是暗示性的，但这类行为不管是有意或者无意，多多少少都会打击人的积极性，刺激人的抵触心。

小孩也是人，大人也是人，有句俗话：“人与人，比死人。”

每个人都有与别人不同的优势或者特点，但总存在一些人，不管他们是长者还是年轻人，有时候都喜欢拿自己和别人对比。

比如，这人比你优秀，那人比你有才，他比你好看，他比你有钱……

有些人在对比面前，在这样无形的压力和扭曲的价值观下，继而开始在乎起别人的看法和想法，徒生嫉妒。甚至活在了别人的世界与阴影下，愈发不得志。

即使他们在某一项比较上超越了对方，心智也不一定能得到健康的发展。

与人比较优缺长短，在我看来，本来就不健康，甚至是一种伤人的毒药。

5

我们每个人生来就是与众不同的，而来到这个世界之后，每个人都开始走在各自不同的道路上。

而后，人与人之间会开始出现相互比较。

其实，这一路上，我们要学会欣赏别人的风景，也要清楚别人的风景再好，也是别人的。

那么，就做好自己呗。

咱们取长补短，就跟过去的自己比就好啦。

面对困难，豁达一点

在人生的大海上航行，我们每个人都渴望一帆风顺，但谁又能确保一定不会遇到风浪呢？

要知道，人生只有在颠簸的风浪中攀爬过，才会知道生命的真正意义。所以，当我们的“行舟”在遭遇风浪时，不要惧怕，更不要灰心，这些都是难免的。而我们唯一能做的就是坦然面对目前，理智地处理一切。

一天，一位老人坐在轮船的甲板上看近日的报纸。突然起了一阵风，把他新买的帽子刮了起来，当他抬起头时，帽子已经落进了海中。船依旧在前进着，只见他用手摸了摸自己的头，又继续看起报纸来。

旁边的一位水手见状后大惑不解地问：“先生，你的帽子被刮到海里了！”

“是的，谢谢你的提醒！”说完之后，老人仍继续看报纸。

水手在一旁着急地说：“可那帽子值几十元呢！你难道就不着急吗？”

“我正在考虑怎样省钱再买一顶，帽子丢了，着急又有什么用呢？它还能再回来吗？”说完，那位老人又继续看起报纸了。

是的，失去的已经失去了，你又何必为之大惊小怪呢？我们都有过失去爱物的经历，可我们又是怎么做的呢？比如，我们将最喜欢的东西给弄丢了，或是与相处了好几年的恋人分手了，这都会引起我们的不快。

究其原因，就是因为我们太在乎这些东西了，不能够坦然地面对它们的失去，所以对它们的突然失去会有种不知所措的感觉，致使我们总是沉湎于失去的痛苦中。

其实，仔细想一想，不管我们如何懊悔，都是没有用的，我们此时要做的就是面对现实，这才是明智之举。常言道：“旧的不去新的不来。”确实是这样，与其懊悔失去，不如考虑怎样才能再得到新的。

一次，小敏被偷了钱包，她心里很烦恼，因为里面不仅有很多现金，而且还有她的身份证。要知道在外地打工回去办一次身份证，不仅来回跑麻烦，而且还得请假，耽误工作，所以她好几天心情都不好。

她的朋友听说了，就过来安慰她说：“钱包已经丢了，你再怎么想，它也不可能回来了，你这样又是何必呢？钱丢了是小事，如果总是郁郁寡欢，从而使不良情绪影响了你的健康，那麻烦就大了，还是想想解决的具体办法吧。其实这也没什么不好，顺便你还可以回家去看看呢，你也出来半年多了……”

听了这些话，小敏的心情也随之好转起来。

当挫折来临时，我们以一种乐观、豁达、健康的心态去对待它，这样生活才会变得更加美好。

在某大草原上有这样一位牧羊人，他总是羡慕别人的羊群比自己多，别人的羊毛质量比自己的好。因此，他每天都“烦！烦！烦！”地喊着，并冲家里人大发脾气，还不时地向上帝祈祷，希望与别人交换命运。

上帝见此，决定帮他实现交换命运的愿望。于是，上帝对他说：“你把所有的烦恼都装进口袋里吧，然后你去篱笆墙边，那儿有无数袋烦恼，你喜欢哪一袋，就拿走哪一袋吧。”

牧羊人向上帝表示过感谢后，便赶快把自己的烦恼装进口袋，背在肩上就出发了。

一路上，牧羊人觉得肩上的口袋越来越沉重，他甚至都没有力气前进了。但是，他太希望与别人交换命运了，因此他强撑着踉踉跄跄地往前挪。

牧羊人想到种花的老人，他过着与世无争、超绝尘世的生活，老人的那一份宁静和从容，让他很羡慕啊！他想种花老人的烦恼一定少之又少。

牧羊人又想到牛奶厂的厂长，他看起来多么逍遥自在啊，他不用干活，家里雇用了挤奶工、厨师，他的日子过太滋润了。

牧羊人一边走，一边想着自己的一个远房亲戚。亲戚不仅在城里有别墅，还有可爱的儿女、年轻漂亮的妻子，这个亲戚一定没有烦恼。

当牧羊人来到篱笆墙时，上帝让天使将他肩上的口袋卸下，放进一大堆装着麻烦、苦恼、不满、屈辱、挫折等的口袋中，而这些口袋的主人都是牧羊人所羡慕的那些人。这些人有农场主、牛奶厂的厂长、远房亲戚、种花的老人，甚至有政府公务员、律师、企业家、歌王……

牧羊人看傻了眼，他喃喃道："上帝啊！感谢你的仁慈，让我有机会从这么多人中挑选交换命运的对象，我太高兴了！"

天使说："你慢慢挑吧。只要你选出一个最喜欢的，就把它带回家，这样你的命运就改变了。"

牧羊人听后高兴地开始了他的挑选工作。他花了一整天的时间，选了又选，挑了又挑，在天黑之前才选出了一个重量最轻的口袋。这个口袋的分量实在太轻了，仿佛里面什么都没有装似的。

牧羊人开心极了。在回家的路上，他高兴地想："口袋里的烦恼这么少，说不定是州长的呢，要么就是最有名气的那个律师的。"

到家后，牧羊人放下口袋，迫不及待地打开一看，原来，他在堆积如山的口袋里，竟然挑出了他自己的那一袋。在一整天的挑选中，他称了又称，量了又量之后，原来，他的烦恼苦闷才是最轻和最不给自己造成心理负担的。

从此以后，牧羊人开始能以正确的态度来对待自己生活中的痛苦、忧虑和担心了。这些原本是他极想和别人交换的，但现在，他已经能坦然地面对了。

很多时候，我们总是羡慕别人，总认为他人比自己强，而认识不到自己的优势，这样就导致自己不能坦然地面对自己，使自己每日在忧虑中度过。这无疑是自找苦头、自寻烦恼，这时，我们不妨学学玫琳·凯。

在20世纪60年代初期，美国化妆品行业的“皇后”玫琳·凯把她一辈子积蓄下来的5000美元作为全部资本，创办了玫琳凯化妆品公司。

为了支持母亲，她的两个儿子也“跳往助之”，辞去了较好的工作，加入到母亲创办的公司中来，宁愿只拿250美元的月薪。玫琳·凯知道，这是背水一战，也是在进行人生中的一次大冒险，弄不好，不仅自己一辈子辛辛苦苦的积蓄将血本无归，而且还可能葬送两个儿子的美好前程。

在创建公司后的第一次展销会上，玫琳·凯隆重推出了一系列功效奇特的护肤品，按照原来的计划，这次活动会引起轰动，一举成功。但是，“人算不如天算”，整个展销会下来，她的公司只卖出去20美元的护肤品。

在残酷的事实面前，玫琳·凯不禁失声痛哭，但在哭过之后，她开始反复地反省自己：“玫琳·凯，你究竟错在了哪里？”

经过认真地分析，她及时调整了自己的心态，坦然地接受了这一切。最后终于悟出了一点：在展销会上，她的公司从来没有主动请别人来订货，也没有向外发订单，而是希望人们自己上门来买东西！难怪她的公司在展销会上毫无斩获。

于是，她从第一次失败中站了起来。

如今，玫琳凯化妆品公司已经发展成一个国际性的大公司。

玫琳·凯最后能取得如此成就，是她自己反思的结果，更是她能够坦然面对现实的结果。

如果失败是人生不可避免的一种经历，那么这种经历会使我们走向成熟；如果说一个人的成熟必须历尽沧桑的话，那么这种沧桑也是一种美。

人的一生，谁也逃避不了失败和挫折。

有句格言这样说：“不怕摔下去，就怕摔下去之后不肯爬起来。”相信大多数人都知道这句话，但又有多少人在摔倒后，真正能做到坦然面对挫折呢？坦然面对挫折就是一种自信，有自信你才能东山再起。

有一次，有一个人问泰勒斯：“你认为人活在这个世界上，什么事情是最困难的？”

泰勒斯回答说：“认识你自己。”

你的善意，需要得到回馈

我认识一个古道热肠的姑娘，本科毕业后，她继续留校读研。而她的某同学来到南方工作，需要回学校重新办理一系列的档案手续。着实不方便两地奔波，便拜托她帮忙。两人在上学期间也并不熟悉，但这种赠人玫瑰手留余香的事情姑娘少有推脱，便忙前忙后帮同学跑了不同部门，并寄了好几次文件快递。

她想，运费到付比较高，便每次都自己出这份钱。结果，这份善意来得默不作声，而那位同学接受得也不声不响、心安理得。没有“谢谢”，没有“你花了多少钱我红包给你”，没有“你下次来这边玩记着找我请你吃饭”。在没有任何反馈的情况下，姑娘最后一次为她寄快递，径直勾选了“到付”。我知道，她压根儿不在乎这些钱，却会在意那份所谓的“领情”。

她说：“我对世界报以极大热忱，却并非愿使任何对他人的好成为理所当然，承受无视而变得廉价。”我对这种方式颇为喜欢与赞许。毕竟，每个人与自己的身心为伍，对于自己内心波澜的感受度，都像是肌肤被蚊子叮咬，敏感而易知。就像坐在大巴车上，我以为那个倚窗的姑娘在漫不经心、走马观花地掠过外面飞驰的风景，却最终发现她其实在注视着车窗虚衬的那边，淡印面庞的自己。

一点都没错，我们容易关注自己。我并不喜欢那种“既然付出就不要图回报”的论调。

伴随着霜降，我们跨过了最后的秋天，在这枫叶荻花秋瑟瑟中，总要有能量的吸取，才能得到内心温暖的释放。

人如蝼蚁，那些密密麻麻的小心思与生俱来，我们又没有伟大到不食人间烟火，又何苦用那些堂皇的大道理绑架自己。毕竟，谁不渴望在付出爱的同时，得到珍视与尊重呢？更加确切地说，实际上，人们渴望的并不是得到回报，而是希望获得“领情”。一句简单的感谢，一种并不视之为理所当然的心情。

朋友说，为何不劝说姑娘径直跟同学讲明这些事，非得一个人瞎琢磨？或许是脸皮薄，或许就是觉得，人与人之间的交往，微妙至极。有的时候需要直言，有的时候却也需要一些无须挑明的默契。情分这个东西挑明了，也就不是最初那个味道了。

更重要的是，我始终认为，小恩答谢、知情领情，也是行走在世无须多言的素养与情商。有些人心安理得地接受他人的好，并非一次提醒就能改变。

我喜欢那种不捅破的温暖与美好，喜欢默不作声的善意与心领神会的知情。倘若你无动于衷，我不会责怪，也不会失望，只会悄无声息地收回自己善意的触角，再不试探。

尽管话如此说，但也不得不承认，很多时候，人们对某些微小的付出着实无回报的期待。这种情形下的每一次“领情”，都会是绽放在生活中的惊喜。

爸爸每日早起打篮球，认识了许多朋友，邵叔就是其中一个。虽叫邵叔，实际上他比我大不了很多，只因跟爸爸是朋友，我也只能顺次叫声“叔”。邵叔早先家境并不很好，早早成家担起家庭的重担，以经营饭馆为生，起早贪黑，克勤克俭。爸爸去他的餐馆吃饭，简单花六七十元，执意不肯让他请客，放下两百块钱说，小邵别找了，我下次吃饭再接着算。

转天在篮球场上，邵叔带来了一个新篮球。跟爸爸说：“哥，我知道你疼我，我也没什么其他方式表达，多的钱我也掏不出来，就看咱们的篮球快不行了，就买了个更好一点的过来。”那天晚上爸爸跟我们提及这件事，竟两眼放光地说道：“这孩子这么懂事，只会让别人更加疼惜他呀。”

这让我想起那天，小师妹把课堂阅读材料借去复印，归还时说，复印的人把我的那一份弄折了些。她执意把那本弄乱的拿走，把自己新复印的给我。随后还递给我一块巧克力，笑意盎然地说：“谢谢师姐啦！”我发现她对自己所做的一切并不言语，却仍然沉浸在路人不禁赞叹与驻足中，然后，美自心生。

我想，对于爱与善意，我毫不吝啬，却也贪得无厌，施情的同时愿得领人情，相互温暖，并以之为理所当然。同时也知道，在这个世界里，得到都是侥幸。我愿时时感怀在心，并投之以桃，报之以李。

什么都有可能改变

玛丽整理旧物，偶然翻出几本过去的日记。

日记本的纸张有些发黄了，字迹透着年少时的稚嫩，她随手拿起一本翻看。

“今天，老师公布了期末成绩，我万万没有想到，我竟然考了第五名。这是我入学以来第一次没有考第一，我难过地哭了，晚饭也没有吃，我要惩罚自己，永远记住这一天，这是我一生最大的失败和痛苦。”

看到这里，玛丽自己忍不住笑了。她已经记不得当时的情景了。也难怪，自离开学校后这十几年所经历的失败与痛苦，哪一个不比当年没有考第一更重呢？

翻过这一页，再继续往下看。

“今天，我非常难过。我不知道妈妈为什么那样做？她究竟是不是我的亲妈妈？我真想离开她，离开这个家。过几天就要选择大学了，我要申请其他州的大学，离家远远的，我走了以后再不回这个家！”

看到这，玛丽不禁有些惊讶，努力回忆当年，妈妈做了什么事让自己那么伤心难过，但是怎么想也想不起来。又翻了几页，都是些现在看来根本不算什么事可是在当时却感到“非常难过”“非常痛苦”或是“非常难忘”的事。看了不觉好笑，玛丽放下这本又拿起另一本翻开，只见扉页上写道：“献给我最爱的人——你的爱，将伴我一生！我的爱，永远不会改变！”

看了这一句，玛丽的眼前模模糊糊地浮现出一个男孩的身影。曾经以为他就是自己的全部生命，可是离开校门以后，他们就没有再见面，她不知道他现在在哪儿，在做什么。她只知道他的爱没有伴自己一生，她的爱，也早已经改变。

许多人曾经以为只要好好爱一个人，就不会分手，现在才知道，你对他好，他也一样会爱别人。曾经以为自己不会再爱上第二个人，可是一旦你经历着一生中的第二次爱情，就会发现和第一次一样甜美，一样折磨人，一样沉迷，一样刻骨。

经历了许多的人、许多的事，历尽沧桑之后，你就会明白：这个世界上，没有什么不可以改变的。美好、快乐的事情会改变，痛苦、烦恼的事情也会改变，曾经以为不可改变的，许多年后，你就会发现，其实很多事情都改变了。而改变最多的，竟是自己。不变的，只是小孩子美好天真的愿望罢了！

一边砍柴，一边磨刀

欲善其事，必先利其器。

从理论上讲，刀磨得越快，柴就砍得越多。可以想象一下，一个人磨刀的样子：霍霍声里，刃越来越薄，磨刀者偶尔会停下来，以试刃，指头与刃相触的刹那，甚至听到“吱吱吱吱”的摩擦声，仿佛一只松鼠正跳荡在银亮的雪地里。接下来，只见那个手持利刃者，在柴林里大显身手，而那些没把刀磨快的人，只得眼睁睁地看着他把一捆一捆的柴火背下山去。

如此说来，能把刀磨快，真的是一种本事，而十年寒窗的苦读，无疑是另一种形式的磨刀——但是，现实有时候是很会开玩笑的，十年苦读可能读出状元，也可能读出傻子，正所谓尽信书不如无书。把刀磨得快，固然好，但这是古人的世界观，那时的生活比失眠者入睡还慢，现在的这个时代，却是瞬息万变。

成功确实青睐那些有准备者，但是，如果你一味地准备、准备、再准备，也会痛失良机，该出手时就出手当是上策。老是磨刀，总让我感觉就像一个孩子为了打基础，光学前班就读了五年。就像我反对急功近利一样，我也反对拙钝迂腐，成功与收获不应只有一种固定的思维定式。磨刀与成功，也像两个人搞对象，有可能结婚，也有可能分手。

有些人之所以坚信磨刀不误砍柴工，大概在潜意识里，总以为机遇是一辆出租车，随时随地，招手即停。其实，机遇是一辆火车，从不等人，到点就开——不管你来与不来——因此，抓住机遇，比什么都重要。

也许我们不能像贝多芬那样扼住命运的咽喉，但搂住机遇的小腰还是大有可能的。倘若比尔·盖茨和所有大学生一样，按部就班，本本分分地读完四年大学，有没有微软都很难说——即使有了，怕微软也有可能变成腿软。

男人向心爱的女人表白爱情，也往往会说，等我有了钱等我有了车等我有了名声什么什么的时候我再娶你，仿佛女人就是为了功成名就才嫁给他，而各地晚报社会新闻版，却一次又一次地用活生生的例子提醒我们，等男人什么都有了，女子可能早就嫁做他人妇。

还有一个著名的例子是讲中美两国不同消费观的，说的是一个中国老太太，省吃俭用一辈子，终于攒到可以买套房子的钱了，可是，她还没来得及住进去（或者说住进去没多长时间），就离世了；而美国老太太，年轻时就贷款按揭了一套房子，待她辞世之时，终于把贷款还清了……

看似是不同的消费观念导致的不同的人生，其实，这也可以理解为，中国老太太为了房子这件事，磨了一辈子的刀，到了可以享受的时候，却心有“柴”而力不足了。而那个美国老太太，其实是一边磨刀一边砍柴（也就是一边工作一边还贷），我不否认她有还贷压力，但这种压力也让她与幸福并驾齐驱。

光顾埋头磨刀，又何尝不是另一种意义上的鸵鸟，不敢面对困难，总以为刀快了一切就可以迎刃而解，其实，刀再快也不如世界的变化快。因为，你只顾在那儿磨刀了，没想到柴火也是越长越粗、愈来愈壮，甚至，柴火生长的速度大大超过你磨刀的进度，这好比你的储蓄存款利率永远低于物价增长指数，实际得到的是负增长。

再一个就是，你在那儿磨刀，也有些故步自封，至少没跟上科技的变迁，等你把刀磨快了，人家早就超越了砍刀时代而进入电锯时代。

我相信，随便一把电锯，再锋芒毕露的刀子也得对它俯首称臣。也许，这还不算什么，我最大的担心是，你把刀磨得飞快了——甚至那是全世界最快的一把刀——然而，待你挥刀上山，却发现满山的柴火早就被人家砍个精光，面对一座空山，你倒提砍刀，欲哭无泪，这岂止是磨刀不误砍柴工，简直就是磨刀才误了砍柴工。

窃以为，最正确的方法：边磨边砍！这样的好处是：一方面可以及时更新砍柴工具，一方面可以避免你埋头磨刀的时候，别人把柴火砍完。而且，磨刀与砍柴同步进行的另一个好处也很明显：一旦刀子卷刃了，可以及时分析原因，并找到解决方法。世界不会停下来等你，人也不能什么都搞懂了才开始人生，“在战斗中成长”，一边砍柴，一边磨刀，也算另一种形式的与时俱进。

玉在心中

一位想学习玉石鉴定的青年，听说远方有一位治玉的名家，他就不远千里地去向老师傅学艺。

他见到老师傅，说明了自己学玉的志向，希望有一天能像老师傅一样成为众人敬仰的专家。老师傅拿一块玉给他，叫他捏紧，然后开始给他讲中国历史，从三皇五帝开始讲，讲了几个小时，却一句也没有提到玉。

第二天他去上课，老师傅仍然交给他一块玉叫他捏紧，又继续讲中国历史，一句也不提玉的事。就这样，光是中国历史就讲了几个星期。接着，他向年轻人讲中国的风土人情、哲学思想，甚至生命情操，除了玉石的知识之外，老师傅几乎什么都讲授了。

而且，每天他都叫那个青年捏紧一块玉听课。

过了几个月以后，青年开始着急了，因为他想学的是玉，没有想到却学了一大堆无用的东西，有一天他终于鼓起勇气，向老师表明自己的困惑，请老师开始讲玉的学问。

他走进老师的房间，老师仍照往常一样交给他一块玉，叫他捏紧，正要开始谈天的时候，青年大叫起来：“老师，您给我的这一块，不是玉！”老师笑起来说：“你现在可以开始学玉了。”

这是一位收藏玉的朋友讲给我听的故事，有非常深刻的启示。对于学玉的人，要成为玉石专家，不能光看石头本身，因为玉石与中国文化是不可分的，没有深厚的文化素养，不可能懂玉。所以老师不先教玉，而是先做文化通识的教化；其次，进入玉的世界的第一步，是分辨是不是玉，这种分辨不只是知识的累积，常常是直觉的反应。

这世界上任何有价值的智慧，都不是老师可以一一传授的，完全靠自己体会，老师能给我们宝玉，能不能分辨宝玉却要靠自己，那是由于宝玉不仅在掌中，也在心中。

所以，每天把自己的玉捏一捏，久而久之，不但能肯定自己的价值，也能发现别人的美质，甚至看见整个世界都有着玉石与琉璃的质感。

只要选择，就不会错

1

女友说她要离婚，喊了三年，理由倒也没变过，老公不思进取，沉迷游戏，内外都帮不上忙，在婚姻里越来越多余。她不由觉得：我要你有什么用？

长时间纠结，在婚姻里对着全家人，觉得儿子没有教好，老公也是窝囊废，要么沉默，要么一开口就是扔刀子，自己也要崩溃了。

我没好气地问："要离不离，明年我就不来听你抱怨了，浪费我时间。"

她瞪大双眼："你盼着我离？你以为离个婚那么容易吗？财产、孩子、两个家庭的关系处理……哪一件拎出来都是浩瀚工程！你作为我朋友，不该体谅我吗？"

我对她说："不是盼望你离，只是觉得，婚姻完整自然是好，但如果要在这段婚姻里纠结了三年，抱怨了三年，一副忧郁妈妈的脸孔对了孩子三年，到了2016年底，依然还是'我要离婚'而不得——你不如早给自己做个了断。"

照此下去你沉浸在这种“纠结”状态的负面效应，可能将远远超过“离婚”这事本身给自己和孩子带来的影响。

就像我的小助理每当不知道吃什么的时候，一定会默念我的金句：我家掌门说了，喝南瓜粥也是对的，吃包子也是对的，但把时间花在纠结上面就是不对的。

离也是对的，不离也是对的，但你夜夜哭泣，日日纠葛，到了40岁发现，自己在眼泪和悲伤中混过了黄金十年，万一到时候，你自以为拥有的离婚主动权早就消失不见，丈夫另结新欢，你被迫在40岁成为单身妇女，你会不会更崩溃，想着与其这样我还不如在30岁离了？

她这样的情况，并不在少数。现阶段中国婚姻的主要矛盾，是既主内又主外、精神物质、带娃三手抓的上进的疲惫妻子和仍然下班回家只知道打游戏、不沟通、不学习、不经营的传统懒怠式中国丈夫之间的矛盾。

2

虽同舟，未共济。如何解决？

面对这种不长进的老公，我清清楚楚拉来两个活例给你们。

一个选择了滚。经济独立，32岁时候把婚离了，因为她说，真的是不想再纠结了。即使知道离婚有千般不好，可是，比起讨厌丈夫，更讨厌那个一直在怨怼、纠葛、哀愁的自己。

有些事情很奇怪，明明在婚姻外，自己是温柔、善良、通达的女人，可是一进入那个家门，就总是忍不住挑剔、刻薄、指责。想尽万般主意，依然无法改变自己的话，那就别再用这样的姿势，在一个千疮百孔的婚姻里耗尽下半生。

前半生，就当走错了路，自己选的狗屎自己吃了，下半生换个姿势再来。

如今，这位女友已经自主创业走上人生巅峰，也有了新的爱人，觉得自己好像重新找回了一个新的自己。她难道没有孩子，没有财产，没有家庭问题要面对吗？

而太多纠结的女人，都是和前面说的那个女人一样，看似有太多纠结的理由：财产、孩子、未来……其实都是她自己不敢离去的借口。

如果你不想离去，仍想给婚姻一个机会，那不如学学大智慧力挽了婚姻狂澜的某女友。重整旗鼓，真正放下身段，用一种经营公司的思维，去重新看待自己的家庭。

“我发现，老公的无能来源于他的原生家庭压根就是把他当巨婴养大的，他也是个受害者。霸道的公公，隐忍的婆婆，造就了一个得不到回应也就失去了沟通能力的丈夫。我几乎是重新给他当了一次妈，重新教他如何处理自己的情绪，如何经营家庭。”

“虽然我几乎脱了一层皮，矫情一点说，来时的每一步，我都走得好孤独；多少次我安抚自己的失望，告诉自己，再耐心一点。可终究，我们磨合了。我觉得，这也是自己的成就感。”

所以，你是要选择凤凰涅槃，再次高飞；还是一身铿锵化作绕指柔，决定再给自己和家庭一次机会？

有个女人说，我害怕的是，如果现在不离，辛辛苦苦培养他，到了40岁万一他没良心把我甩了，怎么办？所以，我还不如现在给离了。

若有此想法，只能证明你依然是个弱者啊——人生当中的任何选择，都避免不了“亏损”。

3

辛辛苦苦养大的孩子，可能说飞就飞。

辛辛苦苦养大的公司，可能说垮就垮。

你付出的一切，都注定了在某一天是要失去的。

生命来时就是奔向一场死亡。如果没有这种通达和豁然，那么你此生都会在计较你为“别人”付出了什么、能不能收回中度过。

你在投资，亦是在捆绑。其实在你付出的每一刻，上天已经把回报给你了，那就是每一天，你都比昨天的自己更智慧。

很多女人终其一生都在和婆婆斗智斗勇，在和老公玩宫心计，却始终没有一种智慧被酝酿出来，只有小聪明陪伴一生。

4

所谓智慧不过是：输得起，看得开，走得远。

智慧让你不再把此生幸福与否，放在“我是否做出了正确的选择”之上，而是放在“我如何把自己的选择变得正确”。从此之后，你不再惧怕做选择，因为你知道，接下来的路，你自己可以hold住。

有智慧的你，若选择离婚，你会重新盘算财产，给自己找到新的身份定位，你会活得更加潇洒与豁达；若选择不离，你会重新变成生活的主导者，经营、迂回，成全一个如水的自己。

倘若你没有智慧，若选择离婚，也不过是重新回到另一种怨妇状态，你会埋怨是那个人毁了你，你会埋怨是孩子拖累了你，你会埋怨是这个社会对女人不公；若选择不离，你将永远成为家人的乌云，在一种纠葛中，成为孩子的笑脸也无法讨好的那个忧伤女人。

你自己，唯有一个不以婚喜不以单身悲的身份稳稳定格在那里，才会找到一种真正的安全感。

所以要不要离婚这件事，是选择寒窗驯夫的孤独道路，还是披荆斩棘重做自己的勇气——够胆为自己做出选择，可能比你选什么更重要。

再把掌门金句默念一下吧，适用于万般情况：选A也对，选B也对，可你纠结，就是不对。